包与容

人生第一课

王桂兰◎编著

心胸有多大，**事业**就有多大；**包容**有多少，**拥有**就有多少。
包容是一种**智慧**，一种**气度**，更是做人的一种**修养**。

中国出版集团
中译出版社

图书在版编目（CIP）数据

包与容：人生第一课／王桂兰编著．—北京：
中译出版社，2020.1

ISBN 978－7－5001－6145－5

Ⅰ.①包… Ⅱ.①王… Ⅲ.①人生哲学－通俗读物
Ⅳ.①B821－49

中国版本图书馆 CIP 数据核字（2020）第 016200 号

包与容：人生第一课

出版发行／中译出版社

地　　址／北京市西城区车公庄大街甲 4 号物华大厦 6 层

电　　话／（010）68359376　68359303　68359101　68357937

邮　　编／100044

传　　真／（010）68358718

电子邮箱／book@ctph.com.cn

策划编辑／马　强　田　灿	**规　　格**／880 毫米×1230 毫米　1/32
责任编辑／范　伟　吕百灵	**印　　张**／6
封面设计／君阅书装	**字　　数**／135 千字
印　　刷／三河市嵩川印刷有限公司	**版　　次**／2023 年 1 月第 1 版
经　　销／新华书店	**印　　次**／2023 年 1 月第 1 次

ISBN 978－7－5001－6145－5　　　　定价：32.00 元

前　言

　　刚走出校园的小娟，在一家新媒体公司上班。因为加班是常态，她会备一些零食在办公室。让她有点小烦恼的是：她的零食经常会被同事"帮忙"吃掉。有的当面问她要，有的干脆直接拿走吃了。

　　小娟觉得这样好吃亏，每次买了零食都放家里，上班时就在包里带一点。就这样，她不再糊里糊涂地损失零食。但这也带来不少的麻烦：她偶尔会忘了带了零食，只好饿着肚子；当同事们们围着一包零食"众乐乐"时，她也不好意思加入分享……

　　有一天，小娟终于明白了：她为了保护那点可怜的零食，所付出的代价太大了。一明白到这个层次，她就感觉坦然释然了，从此一大包一大包地带零食到公司，也不再计算与计较自己到底吃了多少。她因此而得到的融洽、安乐的价值，要远远大于零食上的损失。

　　就像小娟一样，人一旦学会了包容，就和身边的环境和谐了。

包容是一种气度，也是一种智慧。一个人能包容多少人，就能赢得多少朋友。人与人之间少不了摩擦。当你与朋友或同事发生争执时，应当互谅互让，主动化干戈为玉帛。因为你的包容能冲刷彼此心中的过节，最终获得美满的结局。当你与他人发生矛盾时，一定要以包容的度量，大气待人，将大事化小，小事化了。倘若你能包容地待人处事，那么你的生活就会多一片蓝天，多一份快乐。

　　包容也体现了一个人的人格魅力。它就像一缕阳光，能散出光芒照耀身边的人。其实，生活中没有完美的事物，也没有十全十美的人。所以，不必苛求身边的人，也不必苛求自己。用包容接受生活的不如意。这样，才能感受到生活的美好。

目　录

第一章　宽厚待人，华丽转身

第二章　包容忍让，吃亏为福

第五章　接受你所不能改变的

第六章　返璞归真，保持平常心

第七章　低调做人，谦逊处世

第八章　如何巧妙地化敌为友

第九章　难得糊涂是大智慧

第一章　宽厚待人，华丽转身

与人为善就是善于宽谅。

——（美国）弗罗斯特

宽容就像天上的细雨滋润着大地。它赐福于宽容的人，也赐福于被宽容的人。

——（英国）莎士比亚

与人为善就是与己为善

一对夫妇平时待人不错，在街坊邻居中极有人缘，他们下岗不久，便在朋友、亲属以及街坊邻居们的帮助下，在小城新兴的一个市场里开起了火锅店。

火锅店刚开张时，生意冷清，全靠朋友和街坊照顾；但不出三个月，夫妇俩便以待人热忱、收费公道而赢得了大批的"回头客"。火锅店的生意，也一天一天地见好起来。

几乎每到吃饭的时间，小城里行乞的七八个大小乞丐，都会成群结队地到朋友的火锅店来行乞。

人们从未见过小城里其他店主能够像这夫妇俩一样宽容平和地对待这些乞丐的。其他店主一见到乞丐上门，就会拉下脸来严厉地呵斥辱骂。而这夫妇俩则每次都会笑呵呵地给这些肮脏邋遢的乞丐的讨饭盆中，盛满热饭热菜。而且夫妇俩在施舍乞丐的时候，没有丝毫的做作之态。他们的表情和神态十分自然，就像他们所做的这一切原本就是分内的事情，正如佛家禅语所说的，这是一对具有"慈悲之心"的夫妻。

日子就这样一天一天地过着。一天深夜，市场里一家从事丝绸生意的店铺忽然失火，大火很快殃及了火锅店。

这一天，恰巧丈夫去外地进货，店里只留下女人照看。一无力气二无帮手的女店主，眼看辛苦张罗起来的火锅店就要被熊熊大火所吞没，正当她束手无策万分着急之时，只见那群平常天天上门乞讨的乞丐不知从哪里钻了出来，在老乞丐的率领下，冒着生命危险将那一个个笨重的液化气罐都迅速地搬运到了安全地段。紧接着，他们又冲进马上要被大火包围的店内，将那些易燃物品也全都搬了出来。消防车很快开来了，由于抢救及时，火锅店虽然也遭受了一点小小的损失，但最终给保住了。而周围的那些店铺，却因为得不到及时的救助，货物早已烧得精光。

火灾过后，人们都说这是夫妇俩平时的善行得到了回报，要是没有那些平时受他们施舍的乞丐们出力，火锅店恐怕只好关门了。

佛家讲究善恶轮回，因果报应。实际上，这种所谓的"因果报应"只不过是心存感激的受惠者对行善者的一种报偿而已。

有一个感人的故事，讲的是一个贫穷的小男孩为了攒够学费，正挨家挨户地推销商品。劳累了一整天的他此时感到十分饥饿，但摸遍全身，却只有一角钱。怎么办呢？他决定敲下一户人家的门讨口饭吃。当一位美丽的女孩子打开房门的时候，这个小男孩却有点不知所措了，他没有要饭，只乞求给他一口水喝。这位女孩子看到他很饥饿的样子，就拿了一大杯牛奶给他。男孩慢慢地喝完牛奶，问道："我应该付多少钱？"年轻女子回答道："一分钱也不用付。妈妈教导我们，施以爱心，不图回报。"男孩说："那么，就请接受我由衷的感谢吧！"说完男孩离开了这户人家。此时，他不仅感到自己浑身是劲儿，而且还看到上帝正朝他点头微笑。

数年之后，那位年轻女子得了一种罕见的重病，当地的医生对此束手无策。最后，她被转到大城市，由专家会诊治疗。当年的那个小男孩如今已是大名鼎鼎的霍华德·凯利医生了，他也参与了医治方案的制定。当看到病历上所写的病人来历时，一个奇怪的念头霎时间闪过他的脑际。他马上起身直奔病房。

来到病房，凯利医生一眼就认出床上躺着的病人就是那位当年曾帮助过他的恩人。他回到自己的办公室，决心一定要竭尽所能来治好恩人的病。从那天起，他就特别地关照这个病人。经过他查阅世界各地的医学资料，反复研究治疗方案，手术终于成功了。凯利医生要求把医药费通知单送到他那里，在通知单的旁边，他签了字。

当医药费通知单送到这位特殊的病人手里时，她不敢看，因为她确信，治病的费用将会花去她的全部积蓄。最后，她还是鼓起勇气，翻开了医药费通知单，旁边的那行小字引起了她的注意。她不禁轻声读了出来："医药费——一满杯牛奶。霍华德·凯利医生"

善待他人，能使两颗心紧紧地连在一起，碰撞出人生美丽的火花。努力去善待周围的每一个人吧，你也将收获到更多的友情与善意。

仁爱比聪明更重要

杰夫·贝索斯，市值万亿美元的亚马逊的创始人，大名鼎鼎的企业家。

贝索斯有一句口头禅：仁爱比聪明更重要。

杰夫·贝索斯这样的感悟来源于自己儿时的一个故事。下面是他的自述：

小时候，我经常到得克萨斯州的科图拉去，在祖父的牧场过夏天。我帮着修理风车，给牛打防疫针，还干牧场里的一些杂事。工作挺辛苦，但正好改变一下我在休斯顿过的那种除了上学就是跟朋友玩"星际旅行"游戏的生活。我喜欢牧场的生活。

同祖父母一起过夏天，最有意思的活动之一是参加沃利·拜厄姆活动房屋俱乐部组织的旅游活动。这是一个由拖着活动房屋在美国和加拿大到处旅行的人组成的俱乐部，我的祖父母都是俱乐部会员，他们有一辆3米长的活动房屋拖车，就挂在他们那辆1973年造的"奥兹"牌汽车后面拖着走。我们经常在夏天参加俱乐部组织的旅行，那是大约300辆活动房屋拖车组成的旅行队伍。正是在这样的旅行途中，有一天，我祖父给我讲了一段令人深思的话。

那时，我才10岁或11岁，但我已经开始对世事有了自己的看法，当然，我总是自以为什么都懂。

那时候，我跟现在一样爱读书并且喜欢数学。经过长途旅行的人都知道，不管随身带了多少书，不管交谈多么投机，不管风景多么美丽，总会有很多时候闲得没事胡思乱想。因此，我用很多空闲时间进行计算。我计算每公升汽油能走多少里程，我还计算在旅途中购买的杂品每一件的平均价格。有一次，我看到一条反对吸烟的电视广告。广播员说，吸烟者每吸一口烟，他的寿命便缩短两分钟。我的祖母吸烟。我讨厌吸烟，不仅是因为我知道吸烟有害她的健康。而且我猜想，任何一个小孩，如果他坐在一辆1973年"奥兹"牌汽车烟雾弥漫的后座上旅行数千英里，肯定都会讨厌吸烟的。因此，有一天在长途跋涉中，我决定做这道数学题。

我不记得确切的数字了，反正是每吸一口缩短两分钟寿命，每支烟吸20口，每包烟20支，每天一包，抽了30年。计算的结果大约是总共缩短了16年寿命。我对这个计算结果感到洋洋自得，把小脑袋伸到两个前排座椅中间，拍拍祖母的肩膀说："你已经由于抽烟减寿16年。"我向她解释了计算方法，但结果并没有出现我期待的那种效果。她放声大哭起来了。

她的反应并不是我所期待的表扬，比如"你真聪明，算得很好"之类的话。当时的感觉好像是踩上了地雷，无意中伤了祖母的心。我感到好害怕。我一声不响地坐回后排座位，一时不知道该怎么办。

我的祖母不停地哭泣，闷头开车的祖父小心地把车停到路边上。他下了车，把我也叫了下来。我是不是惹大麻烦了？我惹的麻烦到底有多大？我祖父从来没有责骂过我，但这次我闯了大祸，我猜不出后果有多严重。

我们往回走了几步，站在汽车和拖车之间。我看着别的车一辆辆过去，等待着祖父的训斥，我知道这次是躲不过去了。大约过了一分钟，我祖父看着我，拍拍我的肩膀说："总有一天你会明白，仁爱比聪明更难做到。"

祖父的话和他讲这番话时的绅士风度使我终生难忘。我一向敬佩他的才智，但是在那一天，我开始懂得，他的才智是他的天赋所致，他的仁爱之心，才是他可以引以为自豪的。自那以后，我一直在按照祖父的教诲做人。

孟子曰：仁者爱人。做人要有一颗仁爱慈悲的心，学会在什么场合应该说什么话，应该怎么说。

如果非说不可，那么你就要小心谨慎，三思而后言，还应注意说话的态度、时机、内容、措辞、声调和姿势。说话尖酸刻薄的人，令人讨厌，应该学会慈言爱语，理直气柔，并得理能饶人，俗话说："话多不如话少，话少不如话好"，对别人说些好话，会让别人更愿意与你交往。

不要揭人之短

金无足赤，人无完人；凡人皆有其长处，亦必有其短处。对待他人的短处，不同的人则有不同的方法。有的人在与他人的谈话中，尽量多谈及对方的长处，极力避免谈及对方的短处；也有的人专好无事生非，兴波助澜，有声有色地编撰别人的短处，逢人便夸大其词地谈论别人的短处；有的人虽无专说别人短处的嗜好，但平时却对此不加注意，偶尔也不小心谈到别人的短处。

每一个人都有自身无法消除的弱点，就像个子矮是天生的一样。如果我们老是把眼光盯在别人的弱点上，总是将别人的弱点当成攻击的对象，那么只会出现两种情况：一是别人不愿意再与你交往。如此一来，你的朋友会越来越少，别人都躲着你，避开你，不与你计较，直到剩下你自己孤家寡人一个。二是别人也对你进行反攻，揭露你的短处。这样势必造成互相揭短、互相嘲笑的局面，进而发展到互相仇视。如此结局，相比没有人愿意"享受"。

在我国，历史有所谓"逆鳞"之说。据说在龙的喉部下，大约直径一尺的部位上长有"逆鳞"。这是龙身上最痛的地方，如果有谁不小心触摸到这一部位，必定会被激怒的龙所杀。

事实上，无论多么高尚伟大的人，身上都有"逆鳞"存在，这就是每个人身上最不愿意被提及的痛处。一旦这个痛处被击中，必定会引起他们的剧痛与反击。所以，有一句俗语说：打人莫打脸，揭人莫揭短。打人不打脸，骂人不揭短。没有一个人愿意让别人攻击自己的短处。若不分青红皂白，一味说对方的短处，其结果往往是引发唇枪舌剑，两败俱伤。

有位文化界人士，每年都会受邀参加某单位的杂志评鉴工作，这工作虽然报酬不多，但却是一项荣誉，很多人想参加却找不到门路，也有人只参加一两次，就再也没有机会了。问他为何年年有此"殊荣"，他在退休后才终于公开秘诀。

他说，他的专业眼光并不是关键，他的职位也不是重点，他之所以能年年被邀请，是因为他很会给"面子"。他说，他在公开的评审会议上一定把握一个原则：多称赞、鼓励而少批评，但会议结束之后，他会找来杂志的编辑人员，私底下告诉他们编辑上的缺点。因此，虽然杂志有先后名次，但每个人都保住了面子。而也就因为他顾虑到了别人的面子，因此承办该项业务的人员和各杂志的编辑人员，大家都很尊敬他、喜欢他，当然也就每年找他当评审了。

在社会上行走，"面子"是一件很重要的事，为了"面子"，小则翻脸，大则会闹出人命。如果你是个只顾自己面子，却不顾别人面子的人，那么你必定会为此付出沉重的代价。

当我们与人相处时，如果知道对方的短处与痛点，切切注意不要有意或无意伤害他们。不张扬或挖苦他人的短处，不仅体现了你的品质和修养，还会使这些人对你敬重有加，从而更愿意向你倾吐生活中遇到的烦恼和困惑。

在我们与人相处时，即使知道对方的这些短处，也应当尊重他们，不能有意或无意中伤害他们。不张扬或挖苦他人的短处，不仅体现了你的品质和修养，还会使这些人对你敬重有加，从而更愿意向你倾吐生活中遇到的烦恼和困惑。

学会给人下台阶

郑国国君郑庄公，有个一母所生的弟弟段。因为他的母亲武姜非常喜欢段，想让段当国君，就支持段反叛，结果被郑庄公灭了，武姜被发配到边远地带。

武姜临行前，郑庄公发誓说："不及黄泉，未相见也"，不见黄泉路，不跟她见面，意思是到死都不想见母亲了。

因为这件事，百姓背后议论纷纷，郑庄公背上了"不孝"的名声。

后来，郑庄公后悔自己做得太绝了，但是"金口玉言"，说过的话，也不好反悔，所以有点进退两难。

这时，有个叫颍考叔的人，出了个主意：在地上挖个大坑，一直挖到出水，就是见到了"泉水"，这样就相当于见了"黄泉"。然后放个梯子，武姜和郑庄公顺梯子下去，在大坑里见面，就等于誓言实现。

郑庄公依计照办，母子相见，抱头大哭。郑庄公把母亲接回王宫奉养，百姓交口称赞。

这个故事有的版本说是修建了台阶下去的，所以后人把帮人保面子打破尴尬局面的事情，称为"下台阶"。

当然，给人台阶下，除了需要宽大的胸怀，还需要智慧。

19世纪英国，有位军官一再请求首相狄斯雷利加封他为男爵。可此人有些条件不能达标。

狄斯雷利无法满足他的请求，可他并没有直接说"不行，你不达标！"而是用温婉的语气说："亲爱的朋友，很抱歉我不能给你男爵的封号，但我可以给你一件更好的东西。我会告诉所有的人，我曾多次请你接受男爵的封号，但都被你拒绝了。"

消息传出后，大家都称赞军官谦虚，淡泊名利，对他的礼遇和尊敬远远超过了任何一位男爵。

后来，这位军官成了狄斯雷利最忠实的伙伴和军事后盾。

可见，给尴尬者以"台阶"下，尊重其人格，给予宽容和体谅，使对方感受到你的诚挚与温暖，谁还会以怨报德而一错再错呢？

给人以台阶，是件心态与智慧并举的事情。具体来说，应做好以下几点：

第一，如果是对方或是身边人失误，而造成不好下台的局面，那么"指鹿为马"是巧妙化解矛盾的方法。

第二，如果是自己失误而造成不好下台，聪明的办法是：多些调侃，少些掩饰；多些低姿态，少些趾高气扬；多些自嘲，少些自以为是。

第三，善用假设，巧避锋芒。比如，一件事情，双方都认为自己的观点正确。争执不下，你可以说一句"如果你说得正确，那我肯定错了。"相信对方也就不会再争辩了。有一次，一个男生和班主任老师争论起来，焦点是男生能不能到女生宿舍串门。班主任老师一口咬定绝对不能，学生认为可以适当串门，可是两人谁也没能说服谁。男生看到不能说服老师，又见老师似有怒意，只好结束话题："如果老师您说得正确，那我肯定错了。"班主任老师听了，沉默一会儿便不再争执了。这个假设句本来是一句废话，既没有肯定老师的观点，也没有否定自己的观点，然而却让老师偃旗息鼓。为什么呢？因为这个学生用的是假设句，他表达了放弃，老师当然会适可而止。由此可见。争执不下的时候，不妨多用假设句来表达，这也是一种互给台阶下的方式。

第四，善于利用对方的虚荣心。有一次，解缙陪朱元璋钓鱼，整整一天一无所获。朱元璋十分懊丧，命解缙写诗记下这一天的情况。这诗可怎么写呢？解缙不愧为才子，稍加思索，信口念道："数尺纶丝入水中，金钩抛去永无踪，凡鱼不敢朝天子，万岁君王只钓龙。"朱元璋听完，龙颜大悦。

第五，承认自己的错误。人际交往中，出现矛盾很正常，伤害了别人的人，多些自我反省，勇敢承认自己的错误，向受害人诚恳道歉，便不难化解矛盾。

你伤害过谁也许早已忘记，但是，被你伤害的人却永远不会忘记你。其实，给别人留个台阶，不伤别人的面子，也是给自己留面子。

宽恕让你更有力量

对于他人的过失，宽恕所产生的道德上的震撼，比苛责产生的要强烈得多。宽恕，既能使对方知错就改，又会对你心怀感激，欲以回报。这实在是一种为人处世的大智慧。

世传金华长老曾有偈语："大慈大悲度众生，洗心桥上洗邪心。是非恩怨从此了，净水一滴悟道真。"我们这里说的是另一位禅师——潜心禅师以一颗宽容的佛心，点化强盗，使其皈依我佛的故事。

有一天，一个强盗突然闯进禅院，抢劫潜心禅师："快把钱拿出来，不然就要你的老命！"潜心禅师指指木柜说："钱在抽屉里，你自己拿吧，但请留下一点给我买食物。"

强盗得手后正要逃走，潜心禅师却把他叫住："收了别人的东西应该说声谢谢才对啊!"强盗扭头随便说了句"谢谢"便头也不回地跑了。

后来，这个强盗被捕了，衙差把他带到潜心禅师面前："他交代曾抢劫过你的钱，是吗?"潜心禅师说："他没有向我抢，钱是我自愿给他的，再说，他也谢过我了。"

这个强盗服刑期满之后，立刻来叩见潜心禅师，真诚地恳求禅师收他为徒。潜心禅师虚怀若谷的"宽容之心"，使强盗那邪恶的心灵在瞬间得到了菩提的净化，最终"放下屠刀，立地成佛"。

可见，宽容无敌。

宽恕是一种勉励，是一种启迪，它能催人弃恶从善，使误入歧路的人走入正途。宽恕别人才能拯救别人。

在著名的《六度集经》中，有这样一则宽恕敌人、以德报怨的故事：

长寿王仁民爱物、慈悲为怀，其国境内风调雨顺、财富民丰，却也因此引来邻国贪王的觊觎，出兵侵夺。获悉敌兵压境的长寿王，不愿为保卫一己的王权而殃及无辜的百姓，决定舍弃王位，与儿子长生相偕遁隐山林。贪王不费吹灰之力就坐拥长寿王的国土，但他还是不肯放过长寿王，就重金悬赏捉拿长寿王父子。归隐山林的长寿王为了帮助远来投奔的梵志，自愿舍身，让梵志得获赏金，于是轻易被贪王所捕。残暴的贪王故意在长寿王国都通衢上，公然火烧长寿王，以逞己能、警大众。

临死前，长寿王惊见儿子乔装成樵夫，混杂在人群中双眼冒着怒火，满怀仇恨地盯着贪王。长寿王便仰天大喊："希望我的儿子能以仁为诚，秉承以德报怨的家风。"虽然亲耳听到了父亲最后的教诲，但父王惨死、国土沦丧的深仇大恨，还是令年轻的王子一心只想伺机报仇。于是多才多艺的长生，就利用在大臣家当仆役的机会，设法获得贪王的赏识，进而成为贪王的贴身护卫。

在一次随侍贪王出猎的途中，长生刻意让贪王脱离随从，并迷失在山林间。筋疲力尽的贪王为求一枕好眠，将随身的佩剑卸下，交由他信任的长生保管，自己躺下来休息。待贪王熟睡之际，长生拔剑欲杀贪王，但忽然想起了父亲长寿王的遗言，他一时犹豫起来……正在这时，贪王突然从噩梦中惊醒，不安地说道："我梦见长寿王的儿子要杀我，怎么办？"长生安慰他说："大王不要惊惶，有我在此护卫着你呢。"于是贪王再度安然入睡。如是者三旦，长生最终决定尊奉父亲的遗言原谅贪王，便主动向贪王表明他的真实身份，并且说："你快将我杀了吧，免得我报仇的恶念又死灰复燃。"

震惊的贪王被长寿王父子以德报怨的仁行深深感动，当下幡然悔悟，自愧如豺狼，于是将国土归还长生，两国结为兄弟之邦。

从此以后，贪王自己也开始像长寿王一样善待人民，不再像从前那样残暴了。

这个故事再次证明了宽容无敌，真正的慈悲不只是爱你所爱的人，还能宽恕、爱护你的仇敌；而如此宽厚的胸襟则来自人我一体、爱人如己的智慧。当别人以恶劣、无理的态度相向时，我们要学习以慈悲去包容，以理智去面对。

宽恕别人首先解救的是自己，它让我们避开嗔火的吞噬，从而在理智的引导下，反求诸己、如法而行；仇恨不但于事无补，反而徒增彼此身心的多重伤害！

但与此同时，有一个问题。宽恕别人，对人宽容是好的，但并不代表着宽容别人就意味着纵容别人。有些时候，你的纵容会使他人越来越嚣张，从而在错误的道路上越走越远。宽容和纵容，一字之差，差的却是一种对原则的把握和处事艺术的拿捏。

可见，掌握宽容的艺术，何其重要啊！

情，以便能有足够的回旋余地来采取机动的应对措施。

因此，做人一定要给对方留余地，这不仅能表现你的宽容，更为重要的是，给自己留一条后路。

留三分余地给别人，就是留三分余地给自己。留有余地，就不会把事情做绝，你便有回旋的余地，如果将来有什么事情发生，你就可以从容转身，使自己能够进退自如；不留余地好比棋的僵局，即使没有输，也无法再走下去了。

静坐常思己过

《格言联壁》中有云：静坐常思己过，闲谈莫论人非。上联讲严于律己，下联讲宽厚待人。意思是沉静下来要经常自省自己的过失，进而以是克非、为善去恶；闲谈的时候莫议论别人的是非得失，这是儒家倡导的道德修养的重要方法。上联语出《论语·卫灵公》："躬自厚而薄责于人，则远怨矣。"即是说多反省自己而少责备别人，怨恨就不会来了。韩愈则进一步阐释："古之君子，其责己也重以周，其待人也轻以约。重以周（严格而全面）故不怠；轻以约（宽大而简略），故人乐为善。"下联源出《文子·上义》："自古及今，未有能全其行者也，故君子不责备于人。"即是说人无完人，故有德行的人不责备于人。如何宽厚待人、不论人非呢？

"自省"是儒家思想非常重要的组成部分。儒家认为，自省是人达到"圣人"和"君子"道德、学识境界的一种手段。这种手段是一种涵养手段，具有自身的一些特性。儒家认为，自省是"修身之本"，是"中兴之本"。儒家讲求"内圣外王"，其思想内涵之一，是指自身的修养（"内圣"）是"外王"的前提，只有具备了良好的自身修养，才能完成治理国家的任务。在"格物"、"致知"、"诚意"、"正心"、"修身"、"齐家"、"治国"、"平天下"这"八条目"当中，修身被看作是头等大事。而修身之本则是"自反"，即自省。比如："自反者，修身之本也。本得，则用无不利。""以反求诸己为要法，以言人不善为至戒。"

在儒家的主张中，自省的内容是十分丰富、又是十分具体的，大致有如下一些方面：仁、义、礼、智、信、忠、恕、善和学识。如果对其进行概括，可以分为德性和学识两方面。在辨察自己是否有违背德性和学识的言行时，应以"圣贤所言"

为依据和标准。

曾子曰："吾日三省吾身：为人谋而不忠乎？与朋友交而不信乎？传不习乎？"曾子是孔子的弟子，他善于自省，每天多次自我反问：替别人办事，是不是竭尽心力了呢？和朋友交往，是不是诚心实意呢？老师传授的学问，是不是复习了呢？曾子认为，自省的主要内容是"忠"、"信"、"习"。

孟子认为，"君子"不同于一般人的地方，就在于居心不同。"君子"居心在仁，居心在礼。他说，假定这里有个人，他对我蛮横无理，那"君子"一定会反躬自问，我一定不仁，一定无礼，不然，他怎么会有这种态度呢？反躬自问以后，我不存在非礼非仁的言行，那人仍然如此蛮横无理，"君子"一定又反躬自问：难道是我不忠？反躬自问以后，我也实在是忠心耿耿，那人仍然蛮横无理，"君子"就会说：这个人不过是一个狂人罢了，既然这样，那同禽兽有什么区别呢？对于禽兽又该责备什么呢？于是，我仍然不必为此动气。在这里，孟子认为，反省的内容应是"仁"和"礼"。

孟子还说："万物皆备于我矣。反身而诚，乐莫大焉。强恕而行，求仁莫近焉。"他认为，反躬自问，自己是忠诚的，便引以为最大的快乐。不懈地按推己及人的恕道做去，达到仁德的途径没有比这更近便的了。可见，孟子认为反省的内容还应有"忠"和"恕"。

而荀子则曰："见善，修然必自存也；见不善，愀然必以自省也；善在身，介然必以自好也；不善在身，愀然必以自恶也。"荀子则认为，自省、修身应以"善"为主。

以上多为古人对自省的看法，作为今人，我们在自省的内容上或许会稍有不同，但相同的是：我们要有善于、勇于自省的精神与习惯。站在历史的长河边，那里猎风习习，鹤汀凫渚。两千多年前苍劲声音穿透历史呼啸而至：吾日三省吾身。古人尚知如此，更何况我们这些今人呢？

犯错误、遭挫折不要怕，怕的就是不知道冷静反思，让思维钻入牛角尖而做出蠢事。具体来说，人在犯错或遇挫折时，要反思下面几个问题。通过深刻的反思，即能抑制住心中的愤怒与冲动，或粉碎心中的颓废，还有利于扭转局势，重新走出一片艳阳天。

1. 问题的原因是什么

除非你尽一切可能找出问题所在，否则你就无法得知该怎么做。事情是从哪里出错的？是否一开始就处于毫无胜算的情况？登山运动员贝克·魏勒斯在检讨他在喜马拉雅山的经历时，他的结论是自己犯了错误，才导致了失败。他说："当你攀登到那个高度的时候，你的愚蠢度也是很高的。"要从错误中学习，就得从找出问题的所在着手。

2. 所发生的事，确实是一个失败，或只是没有达到目标

你必须评估所发生的事是否确实是一个失败，或者你认为这是一个错误，实际上，它可能只是无法达到的一个不切实际的理想。不论你是归罪于自己或他人，如果目标不切实际，那么达不到并不能算是失败。

3. 挫折中含有多少契机

有一句老话说："玉不琢不成器"，人不经试验也成不了

大器。不论你经历什么样的挫折，当中定有成功的契机。有时候那契机并非显而易见，但是只要你愿意去找就会发现。

有人如此说："一个脚踏实地的人，是一位经过历练之后去芜存精的理想主义者；而一个愤世嫉俗的人，则是一位经过历练之后却被烧伤的理想主义者。"别让逆境之火把你变成一个愤世嫉俗的人；反之，让它将你去芜存精吧！

4. 我能从当中学到什么

一个小孩在海滩上堆沙堡，当他退后几步欣赏自己的杰作时，一阵大浪打过来，把沙堡冲散了。他望着那堆曾是他的杰作的小沙丘，说道："这当中一定可以学到教训，只是我不知道那是什么。"

这就是一般人面对困难的态度，因为他们被事情困得那么严重，整个人因迷惘而错失了学习的机会。但是，我们确实有办法能够从错误和挫折中学习。诗人拜伦说得好："逆境是通向真理的第一条路。"

美国餐饮业经营大师俄夫根·巴克说："我从经营不善的一间餐馆所学到的，远甚于从所有成功的餐馆所学到的。"成功对此并非陌生。他在加利福尼亚州拥有 5 家非常出名的餐馆，并且在芝加哥、拉斯维加斯和东京都有餐馆。

因为每个状况都不一样，因此对于如何从挫折中学习，很难整理出一般性的原则。但是如果你在经历事情时能保持一颗学习的心，努力学习任何能帮助你采取不同做法的事，你就能够改进自己。一个人如果心态正确，那么任何一个障碍都能让你更清醒地认识自己。

5. 对这经历，我是否心存感激

美国的短跑名将爱迪·哈特，在 1972 年慕尼黑奥运会上错过了 100 米短跑的预赛，结果丧失了赢得一枚个人金牌的机会。但是他对这个经验的看法是很正面的，他说："我们所追求的事，不见得每一样都能够获得成功，这大概就是我错过那场预赛所学到的最重要的教训。在我们生命当中，我们会经历到许多失望，也许是没有被升迁，也许是没有得到所想要的工作，但是我们必须学会承受这些打击。运动是很有价值的，因为它不是输就是赢。在你成为一个优秀的得胜者之前你必须学会输得起。"哈特很高兴能赢得接力赛的一枚金牌，也为学到能接受打击而感恩。如果你面临了失败，请试着培养像这样感恩的心。

6. 我如何化失败为成功

美国作家威廉·福克纳如此写道："生命中如果有哪个因素是能导致成功的，那就是从被击倒中得到益处。就我所知的每个成功，都是因当事者能够分析被打倒的原因，而在下次再试时从中得到助益。"

从一个事件中找到出错的原因是很有价值的。如果能更进一步地从错误中学习而改进，那就是转败为胜的关键。有时候我们从错误中学到不犯相同的错误，而有时候也会有意外的发现，譬如爱迪生的留声机，或是史诺宾的无烟炸药一样。只要你愿意去试，一定都能从很糟的情况中找出有价值的东西。

7. 谁能在这事上帮助我

有人说，我们能从两个途径来学习：一是经验，亦即从自己的错误中学得的；二是智慧，亦即从别人的错误中学得的。但是我们还是尽可能地从别人的错误中学习比较好。

如果有人在一旁协助我们，那么从自己的错误中学习就比较容易。每次出了大漏洞之后，向许多人求教是必要的。

找对人求教是很重要的。有一个故事，是讲一位官员走马上任的时候，他在办公桌前坐下来，发现前任官员留给他三封信，并附上说明，在承受压力的时候才能打开这些信。

不久，这个人和新闻界发生了矛盾，于是他打开第一封信。上面写着：怪罪到你的前任官员头上。于是他照做了，风平浪静了一段时间。几个月之后，他又有了麻烦，于是他打开第二封信。上面写着：改组。于是他照做了。之后又平静了一些日子。但是因为他从来没有真正解决造成问题的根源，于是问题又来了。而且这次问题更大。在极度焦虑之下，他打开了第三封信。信上写着：准备三封信。

我们是应当向人求教，但是求教的对象，必须是已经成功地处理过自身失败的人。

8. 下一步该做什么

深思熟虑之后，就应该考虑下一步该做什么。美国作家唐·舒拉和肯·布兰查德在他们所写的《人人都是教练》一书中说："学习的定义就是行为的改变。如果没有采取实际行动，那么你就是没有真正地学习到。"

唯有宽厚得人心

楚庄王有一次设晚宴招待群臣，忽然蜡烛燃尽熄灭了，竟然有一位色胆包天的大臣趁暗中混乱，拉扯劝酒的王妃衣袖，结果被王妃扯掉了帽缨。楚庄王听了王妃的申诉，并没有想追查那拉王妃衣袖的人，而且为了给这个人有台阶，他让群臣趁蜡烛尚未点燃，肇事者身份不明之时，全部摘去帽缨，从而保全了这位大臣。此种宽厚，怎能不叫当事者感激涕零？

后来在楚国进攻郑国的战役中，有一位战将表现甚为勇猛，楚庄王感到奇怪，因为自己对这名大臣并非十分宠爱，他怎么会这样为自己卖命呢？后来经询问才知，此人就是那位被扯去帽缨者。他十分感激当初楚庄王不追究调戏王妃之事，为了报恩，所以奋不顾身地杀敌，为国效劳，以此为回报。

看来，宽厚是最能赢得人心的，楚庄王"以德报怨"，那位战将又"以德报德"的故事，千百年来被传为佳话，也使得楚庄王名传千古，人人称颂。

老子在《道德经》中云："是以圣人去甚、去奢、去泰"。大意是：因此圣人要去掉极端的、奢侈的、过分的东西。老子看问题总是那么深刻、那么透彻：越是雄心勃勃、耀武扬威欲取天下者，越是得不到天下。只有能够以德服人、以德报怨，才能够得人心，进而得天下。

在现代社会中，"以德报怨"仍然发挥着巨大的、不可替代的作用。李·邓纳姆成功地在犯罪猖獗的哈莱姆黑人住宅区经营起了麦当劳，"以德报怨"的做事方式起到了关键性的作用。

李·邓纳姆经营的是纽约老城区的第一家由麦当劳授权的快餐店。当李·邓纳姆决定放弃稳定的警官职业，在犯罪猖獗的哈莱姆黑人住宅区投资麦当劳店的时候，朋友们都说他疯了。

拥有一家餐馆一直是李·邓纳姆的梦想，他先在几家餐馆工作，包括纽约著名的"华道尔夫"饭店。李·邓纳姆非常想开自己的餐馆，为此他还特意报名参加了商业管理学习班，每天晚上去上课。

后来，他成功地应聘了警官职位。当警官的 15 年中，他一直继续学习商业管理。"我省下了做警官挣来的每一分钱，"他回忆说，"十年来，我没花过一毛钱去看电影、度假、看球赛，除了工作就是学习，我一直在为实现拥有自己的生意这个终生梦想而努力着。"

到了李·邓纳姆拥有 4.2 万美元存款的时候，他认为已经是实现自己梦想的时候了。麦当劳快餐决定给他一个授权，同时附加了一个条件：李·邓纳姆必须在老城区开店，这算是老城区的第一家麦当劳快餐店。麦当劳其实是想验证他们这种快餐餐馆是否在老城区也能取得很好的收益，而李·邓纳姆看上去则好像是开这样一家快餐官的最佳人选。

为了得到授权，李·邓纳姆投入了自己的全部积蓄，另外还借了 10.5 万美元。但他知道，所有那些年他为之努力和奉献的一切就在于此了，他相信自己多年来的准备工作，包括梦想、计划、学习和积蓄都不会付之东流。

接下来，李·邓纳姆开办了在美国老城区的第一家麦当劳快餐店。开始的几个月简直是灾难连连：流氓斗殴、枪战和其他的暴力事件频频在他的饭馆发生，好多次都将他的顾客全都吓跑了。不仅如此，在饭馆内部，雇员们偷食物和现金，他的保险箱经常被撬。而更糟糕的是，他无法从麦当劳总部得到任何的帮助，因为麦当劳总部的代表非常害怕到贫民窟来协调工作。李－邓纳姆别无办法，只有靠自己了。

怎么办？虽然李·邓纳姆的商品、利润甚至他人信心都曾被人夺去过，但李的梦想却没有人能夺走。因为，他为此付出和等待得太多了！终于，李·邓纳姆想出了一个策略：对那些不务正业的捣乱者实行"以德报怨"的策略！

李·邓纳姆同社区的那些小流氓们进行了开诚布公的交谈，他激励他们重新开始生活。然后他做了有些人认为简直是不可思议的事：他雇用那些小流氓，让他们在自己的餐厅中工作。他不得不加强了管理，对出纳员进行突击检查来避免偷窃，这也算得上是恩威并重吧。他每周一次向雇员们讲授为顾客服务和管理方面的知识，鼓励他们发展个人的职业目标。

李·邓纳姆又赞助社区成立了运动队并设立了奖学金，使流浪闲逛在街道上的孩子们走进了社区中心和学校。他的做法看似很愚蠢，但回报很快就加倍而来。李·邓纳姆没有白白付出，在他的努力下，店内几乎不再发生流氓闹事的事件，顾客也越来越多了，纽约老城区的快餐店成了麦当劳在世界范围内利润最高的连锁店，每年利益高达 150 万美元！这不能不说是个奇迹。几个月前还不愿跨进贫民窟半步的公司代表，现在簇拥在李·邓纳姆的麦当劳店门前，他们好奇而急切地想知道他是怎样做的。李·邓纳姆的回答既简单又深刻："为顾客、雇员和社区服务。"

慢慢地，李·邓纳姆的快餐店发展壮大起来，每天卖掉数百万份快餐。

可以说，李·邓纳姆的成功是建立在"以德报怨"的基础上的。没有他当初对那些闹事者的收容以及对所在社区的贡献，他的麦当劳店根本就开不下去，更别说发展壮大，取得今天的辉煌成就了。

以上几个事例让我们明白一个恒久不变的真理：从古至今，凡是胸襟宽大者、有大家风范者，都能够对人"以德报怨"。这样做，从眼前来看，似乎有"忍气吞声"的嫌疑。不过，从长久的利益来看，这样做的好处就太大了。能够"以德报怨"的人，才能够得人之心，才能够成大事、得天下。

第二章　包容忍让，吃亏为福

忍耐是痛苦的，但它的结果是甜蜜的。

——（法国）卢梭

人们应该彼此容忍：每一个人都有弱点，在他最薄弱的方面，每一个人都能被切割捣碎。

——（英国）约翰·济慈

百行之本，隐忍克制

隐忍克制，是做人的一种态度，是成功所必备的德行。一个善于控制的人，往往有较高的工作成绩和良好的人际关系。一个活得快乐自在的人，通常能够驾驭自己的心态。在我们的周围，克制的品质每时每刻都在发生着效应。隐忍、克制并不是懦弱、胆怯的遁词，它是心怀远大的自我克制，是驰骋人生旅途的必备素质，是人的修养、内涵的体现，是使人镇定自若、游刃有余的胆魄。中国历代名人忍辱负重、谦卑为怀的故事俯拾即是，我们常说"小不忍则乱大谋"，可见"忍"是有谋而忍、按谋而忍，而不是随随便便的"忍"。中国的太极拳，看似温顺柔软，但绵里藏针，以柔克刚，杀伤无形。

明代作家冯梦龙在《智囊》一书中记有这样两则故事：一则是说，江阴一带大户望族夏翁，一次乘船过市桥，有人在桥上往船里倒粪汁，粪汁溅到了夏翁的衣服上。这个人与夏家是旧相识，夏翁的仆人怒不可遏，要上前揍他。夏翁说："他不知道是我们，不然怎能来冒犯呢？"于是好言好语劝走了仆人。回到家中，夏翁翻阅账本，查出这个人原来欠了三十两金钱没还。夏翁心想，他这是借机寻衅，以求一死，于是夏翁有意为这个人减轻了债务。另一则是说，长州尤翁开了三个典当铺。年底某一天，忽听门外一片喧闹声，出门一看，是位邻舍。站柜台的伙计上前对尤翁说："他将衣服压了钱，今天空手来取，不给他就破口大骂，有这样不讲理的吗？"那人仍气势汹汹，不肯相让。尤翁从容地对他说："我明白你的意图，不过是为了度年关。这点小事，值得一争吗？"于是命店员找出典物，共有衣物蚊帐四五件。尤翁指着棉袄说："这件衣服御寒不能少。"又指着棉袍说："这件给你拜年用，其他东西现在不急用，可以留在这儿。"那人拿到两件衣服，无话可说，立刻离去。当天夜里，他竟死在别人家里。他的亲属同那家人打了一年多的官司。原来此人负债多，已经服下毒药，知道尤家富贵，想敲笔钱，结果一无所获，就移到另外一家，死在那里。有人问尤翁，为什么能预先知情而容忍他，尤翁回答说："凡无理来挑衅的人，一定有所依仗。如果在小事上不忍耐，那么灾祸就会来了。"人们听了这话，都佩服尤翁的见识。

这两则小故事，深刻地说明了"忍一时风平浪静"的道理。夏翁如果允许仆人去同那个往船上倒粪汁的人打斗，尤翁同那个邻居计较，就会因小事而酿成祸殃。由于"两翁"都采取了"隐忍克制"的态度，这既保持了与旧相识、老邻居的友好关系，避免了祸患，又表现出了自身的宽宏大度，受到了人们的敬佩。

我国古代先贤很讲究隐忍克制。孔子说："小不忍，则乱大谋。"荀子说："志忍私，然后能公；行忍性情，然后能修。"苏东坡也说过："匹夫见辱，拔剑而起，挺身而斗，此不足为勇也。天下有大勇者，卒然临之而不惊，无故加之而不怒，此其所以兵持者甚大，而其志甚远也。"可见，一个人遇事沉着、冷静、忍让、谅解，这不但是一种美好的品德，而且也是通往成功之路的重要素质。

公元前 203 年，韩信降服了齐国，拥兵数十万，而此时刘邦正被项羽军紧紧围困在荥阳。这时韩信派使前来，要求汉王刘邦封他为"假王"，以镇抚齐国。刘邦大怒说："我在这儿被围困，日夜盼着你来帮助我，你却想自立为王!"张良、陈平暗中踩刘邦的脚，凑近他的耳朵说："目前汉军处境不利，怎么能禁止韩信称王呢?不如趁机立他为王，安抚善待他，让他镇守齐国。不然可能发生变乱。"汉王刘邦醒悟，又故意骂道："大丈夫平定了诸侯，就该做个真王，何必做个假王呢?"于是就派遣张良前去宣布韩信为齐王，征调他的军队攻打项羽军。刘邦忍住怒气，立韩信为齐王，征调韩信的部队，很快就扭转了汉军的不利地位，同时也安抚住了拥兵数十万的韩信。假如他不忍，把韩信大骂一通，不封韩信为齐王，这样不但可能失掉韩信，而且可能给自己带来祸殃。

可见，遇小事需要忍，遇大事也需要忍。那种遇事少谋，猝然而行，稍有不顺就乖气动怒的人，必然会祸患自身。

在现实社会生活中，人们会遇到许多矛盾和纠纷，大多数人面对各种各样的矛盾和纠纷，能采取"忍让"的态度，弘扬"隐忍克制"的美德。但也有少数人，稍有不顺，轻则辱骂，重则大打出手。结果不但扰乱了社会治安，而且还要赔偿人家的损失，甚至还要负法律责任。

退一步海阔天空

记得这是一位外国学者的话，意思是说：会生活的人，并不一味地争强好胜，在必要的时候，宁肯后退一步，做出必要的自我牺牲。

西汉的胡常是一位大儒，和另一个大儒翟方进在一起研究经书。胡常先做了官，但名誉不如翟方进好，在心里总是嫉妒翟方进的才能，和别人议论时，总是不说翟方进的好话。翟方进听说了这事，就想出了一个应付的办法。

胡常时常召集门生，讲解经书。一到这个时候，翟方进就派自己的门生到他那里去请教疑难问题，并一心一意、认认真真地做笔记。一来二去，时间长了，胡常明白了，这是翟方进在有意地推崇自己，为此，心中十分不安。后来，在官僚中间，他再也不去贬低而是赞扬翟方进了。

明朝正德年间，朱宸濠起兵反抗朝廷。王阳明率兵征讨，一举擒获朱宸濠，建了大功。当时受到正德皇帝宠信的江彬十分嫉妒王阳明的功绩，以为他夺走了自己大显身手的机会，于是，散布流言说："最初王阳明和朱宸濠是同党。后来听说朝廷派兵征讨，才抓住朱宸濠以自我解脱。"想嫁祸并抓住王阳明，作为自己的功劳。

在这种情况下，王阳明和张永商议道："如果退让一步，把擒拿朱宸濠的功劳让出去，可以避免不必要的麻烦。假如坚持下去，不做妥协，那江彬等人就要狗急跳墙，做出伤天害理的勾当。"为此，他将朱宸濠交给张永，使之重新报告皇帝：朱宸濠捉住了，是总督军们的功劳。这样，江彬等人便没有话说了。

王阳明称病休养到净慈寺。张永回到朝廷，大力称颂王阳明的忠诚和让功避祸的高尚事迹。皇帝明白了事情的始末，免除了对王阳明处罚。王阳明以退让之术，避免了飞来的横祸。

如果说翟方进以退让之术，转化了一个敌人，那么王阳明则依此保护了自身。

以退让求得生存和发展，这里蕴含了深刻的哲理。

老子曾说过："无为而无不为。"意思是说，只有不做，才能无所不做，唯有不为，才能无所不为。

为了论证这个道理，老子进行了哲学的思辨：许多辐条集中到车毂，有了毂中间的空洞，才有车的作用；揉捏陶泥作器皿，有了器皿中间的空虚，才有器皿的作用；开凿门窗造房屋，有了门窗中间的空隙，才有房屋的作用。所以，"有"所给人的便利，完全靠着"无"起作用。

就是说，无比有更加重要。不仅客观世界的情况如此，人的行为也如此。人的"无为"比"有为"更有用，更能给人带来益处。一味地争强好胜，刀兵相见，横征暴敛，"有为"过盛，最终只能落得个身败名裂的下场。

当然，老子贬"有为"扬"无为"的做法，并非完全正确。就社会生活而言，积极奋斗、努力争取、勇敢拼搏、坚持不懈的行为，其价值和意义，无疑是值得肯定的。就此而言，老子的思想不尽合理。但应该看到，人生的路并不是一条笔直的大道，当对复杂多变的形势，人们不仅需要慷慨陈词，而且需要沉默不语；既需要穷追猛打，也需要退步自守，既应该争，也应该让，如此等等，一句话，有为是必要的，无为也是必要的。就此而言，老子的无为思想，具有极其重要的意义。

然而，在人生的旅途中，应该什么时候有为，什么时候无为呢？无为和有为的选择取决于主客或敌我双方的力量对比。当主体力量明显占优势，居高临下，以一当十，采取行为以后，可以取得显著的效果时，应该有为。而当主体处在劣势的位置上，稍一动作，就可能被对方"吃掉"，或者陷于更加被动的境地，那么，便应该以退为进，坚守"无为"方是。无为只是一种权宜之计、人生手段，待时机成熟，成功条件已到，便可由无为转为有为，由守转为攻，这就是中国古人所说的屈伸之术。为此，我们提醒那些想建功立业的人，在人生大道的某一个点上：只有退几步，方能大踏步前进！

人与人相处，难免发生摩擦，若能开阔心胸，谦让容忍，退让一步，将使紧张关系转为和睦。尤其与邻人相处，更应相忍为和、相互扶持，共同建立温馨安详的居住环境，毕竟远亲不如近邻。故待人能谦退礼让，定能赢得彼此的尊重。因此，退让或设身处地为人，常使人生道路变得海阔天空。能够在功名富贵之前退让一步，是何等的安然自在！

退一步吧，在世俗的生活中，保持这样的余地，不至于使他人窘迫，也不至于使自己窘迫。在人与人的交往中保持着这样的心胸，对于任何人而言，都具有难于言表的力量，因为你包容了他，或许某一天他就会包容你的某一过错。

坚守原则，忍要有度

人生在世，不如意的事是很多的，当我们遇到不顺心、不合意的事，首先要忍。但是事有可忍与不可忍之分。我们提倡忍耐精神，但不是无原则的妥协，也不是惧怕邪恶势力。如果什么事不问缘由全都一忍了之，有时候会害人，也更可能害己。

但是，忍也是有一定限度的，并非是任何人任何事都可以忍的。有的时候忍是不能被接受的，欺人太甚，也就势必忍无可忍。什么事都是有一定节制的，不可能无止境地发展下去，忍也有个度的问题。一味地毫无界限地忍，只能是一种懦弱的表现，甚而是愚蠢的。

世界上没有什么比人的生命更宝贵的，当你的生命遭受到威胁的时候，应该是你奋起反抗的时候了，这时候忍耐只能让你的敌人更加嚣张。暴虐的统治不能忍，应该为了人民的利益去推翻它，不能让暴虐的统治者在那里为非作歹。而你此时还要忍，还要让别人和你一起去忍，那只能是助纣为虐。当民族的尊严、国家的尊严受到侵害时，对于这个民族的成员、这个国家的公民来说，也是无论如何都不可"忍"的。

从中国历史上的许多记载中，我们可以看到，许多英雄好汉、仁人志士，对于自己生活上、事业上、名利上的挫折，都能够默默地忍辱负重，毫无怨言。他们对于自己的同胞，对于自己的民族，的确具有一种孺子牛的性格。但是，他们在维护自己民族和国家的利益和尊严的时候，却是毫不畏惧，大义凛然，视死如归。为了使民族的纯洁不受玷污，为了使国家的利益不受侵害，他们舍得抛头颅，洒热血。这些，都表现了他们在"忍"这一问题上深明大义。

可见，适度的忍让是强有力的，也是必须具有的。超过界限和适当的度，忍只能是软弱、无能、懦弱、胆怯的表现。

吃亏就是占便宜

吃亏是一种智慧，是大智若愚。聪明的人从"吃亏"中学到智慧，悟透人生；抱怨的人从"吃亏"中产生怨恨，敌对人生。但愿每个人都是那个聪明的人。

小杨是某广告公司的文案，头脑灵活，文笔很好，但更可贵的是他的工作态度。那时公司正在进行一场大型广告制作，每个人都很忙，但老板并没有增加人手的打算，于是公司的人有时也被派到其他部门帮忙，但整个公司只有小杨接受老板的指派，其他的人都是去一两次就抗议了。

小杨说："吃亏就是占便宜嘛！"

事实上也看不出他有什么便宜好占，因为他有时像个杂工一样。

两年过后，小杨离开了那家广告公司。

原来他是在"吃亏"的时候，反而把广告公司的各个运作流程的工作都摸熟了，出去后自己成立了一家广告公司，他真的是占了"便宜"啊！

所以建议你，用"吃亏就是占便宜"的态度来做事，保证你受益无穷。

"吃亏"有两种，一种是主动的吃亏，一种是被动的吃亏。

"主动的吃亏"指的是主动去争取"吃亏"的机会，这种机会是指没有人愿意做的事、是困难的事、是报酬少的事。这种事因为无物质便宜可占，因此大部分的人不是拒绝就是不情愿，如果你主动争取，老板当然对你感激有加，一份情感必会记在心上，日后无论你是升迁或是自行创业，他都是可能帮助你的人，这也是对人际关系的帮助。最重要的是，你什么事都做，正可以磨炼你的做事能力和耐力，不但懂得比别人多，也进步得比别人快，这是你的无形资产，绝不是用钱能买得到的。

"被动的吃亏"是指在未被告知的情形下，突然被分派了一个你并不十分愿意做的工作，或是工作量突然增加。碰到这种情形，除非健康因素或家庭因素，否则就应接下来；如果冷眼旁观周围环境，发现也没有你抗拒的余地，那就更应该"愉快"地接下来。也许你不太情愿，但事情已成定局，也只好用"吃亏就是占便宜"来自我宽慰，要不然怎么办呢？至于究竟有没有"便宜"可占，那是很难说的，因为那些"亏"

有可能是对你的试炼，考验你的心志和能力，或许是为了重用你啊！姑且不论是否"重用"你，在"吃亏"的状态下，磨炼出了你的耐性，这对你日后做事绝对是有帮助的。我的一个朋友托我给他儿子介绍一个工作，这个孩子是计算机专业的大学毕业生。我把他推荐给一个图书发行公司的老板，老板先请他吃饭，然后安排他到书库实习，结果这个孩子不辞而别。老板后来对我说："现在的年轻人真怪！不熟悉整个公司工作流程，怎么谈得上管理，又怎么用计算机管理。"老板还说："我是把他当作人才来使用的，谁知他竟然这么不懂事。我从来不请员工吃饭，他是第一个。"

看来做事"吃亏就是占便宜"，做人何尝不是如此。

做人比做事难，但如果也有"吃亏就是占便宜"的心态，那么做人其实也不难；因为人都喜欢占人便宜，你吃一点亏，让人占一点便宜，那么你就不会得罪人，人人当你是好朋友！何况拿人手短，吃人嘴软，今天占你一点便宜，心里多少也会过意不去，只好在恰当时候回报你，这就是你"吃亏"之后所占到的"便宜"！

小舍小得，大舍大得

从最功利的目的而言，吃亏的目的在于以小搏大，不计较眼前的得失而着眼于大目标。正如鱼饵是为了诱鱼上钩，要得到的是鱼，而不是无偿地拿鱼饵去填鱼肚。鱼要吃到食物，就得付出生命的代价。

唐代有个叫窦公的商人，很善于经营家业，但财力上很困难。他在京城里有一块宝地，与大宦官的地段相邻，宦官看中这块地想得到它。这块地仅值五六百缗（古代一千文为一缗），窦公很高兴地把这块地献给了那位大宦官，却根本没有提价钱。在讨得宦官十分欢喜之后，他就借故说自己打算去江淮，希望得到两三封信给神策军中的护军，那宦官便替他写了信。窦公借这些信总共获利三千缗，从此，他的事业便发达起来。

长安城东郊有一片空地，地势低洼有积水，窦公就用低廉的价钱买到手，然后让女佣人带着蒸饼盘在那块空地上诱儿童：哪个孩子如果扔砖瓦击中空地上的一个目标，就奖给他一个蒸饼。小孩们都跑来争相扔砖瓦石块，这样那片洼地填平了十分之六七。接着又用好土垫在上面，在这块地上盖起了一个客店专门留波斯的客商居住，每月能获利数百缗。

南朝的宋孝武帝刘骏，酷爱赌博，每次赌博时都下大赌注。人们惧怕他的权势，赌博时都要让他几分。赢钱的时候多了，刘骏便以赌为聚财手段。

朝廷中有个叫颜师伯的大臣，在做官期间贪污受贿，聚敛了大量金钱。刘骏知道后十分眼红，想狠狠地搜刮他一下，于是派人请颜师伯来赌博。

谁知颜师伯狡猾无比，心中明白刘骏的打算，想借此机会在官位上得到升迁。为了讨得刘骏欢心，他有意连输两局，果然使刘骏十分高兴，兴趣越发浓厚。

有一次，刘骏和颜师伯又赌了起来。刘骏先掷骰子，一下掷了个"雉"点，立刻高兴不已，以为这一局稳操胜券。因为"雉"点为上乘，很不容易掷到。然而顷刻之间，局势急转直下。颜师伯轻轻一掷，得到一个最佳点"卢"点，级别在"雉"点之上。

刘骏见状大惊失色，暗忖输钱已成定局。然而，早有预谋的颜师伯却镇定自若，装作不知道，迅速抓过骰子，平静地说："我差点得个'卢'点。"这一来，颜师伯当场输给刘骏一百万钱。

自幼机敏的刘骏，对颜师伯的"作弊"心领神会，乐不可支收下赢钱。不久之后，他提拔颜师伯当了宰相。

官位一到手，颜师伯就更加肆无忌惮地搜刮民脂民膏，财物滚滚而来，把输给刘骏的钱成十倍百倍地赚了回来。

刘骏只顾与颜师伯赌得高兴，对他更加放任，颜师伯的权势因此显赫一时。人们背地里议论说，颜师伯以钱钓官，赚了大头。

从某种意义上说，这场赌博的游戏还算得上是一次"公平"交易。一方急不可耐地想赢钱，另一方为了更大的目的有意输钱；一个愿打，一个愿挨，各取所需，各得其乐，互不相怨。

大智若愚，大得若失。人世间很多东西都是相互联系的，相互依存的，人与人之间难免有些明争暗斗，有些摩擦。因此，在适当时候恰当地舍小求大，往往会收到奇效。

爱贪便宜吃大亏

以下是唐代的寒山与拾得（他们二人是一种开启人智慧的智者）两个人的对话。

一日，寒山对拾得说："今有人侮我、笑我、藐视我、毁我伤我、嫌恶恨我、诡谲欺我，则奈何？"拾得回答说："但忍受之，依他、让他、敬他、避他、苦苦耐他、不要理他。且过几年，你再看他。"

那种高傲不可一世的人的结局一定是够尴尬的了，而我们也一定可以想像得出拾得的胜利的微笑——尽管这可能是一种超脱圆滑的微笑。不过，它的确会给我们的生活带来一些好处。

"扑满"，就是我们常常说的用瓷或泥做的硬币储蓄盒。在小的候，我们常将父母给的一些零用钱放进去，当这个储蓄盒满的时候，我们就将这储蓄盒打破，而将其中的钱取出来。然而，当它是空的时候，它却可以保全它的自身。

所以，如果我们知道福祸常常是并行不悖的，而且福尽则祸亦至，而祸退则福亦来的道理，因此，我们真的应该采取"愚"、"让"、"怯"、"谦"这样的态度来避祸趋福。

"吃亏"往往是指物质上的损失，但是一个人的幸福与否，却往往是取决于他的心境如何。如果我们用外在的东西，换来了心灵上的平和，那无疑是获得了人生的幸福，这便是值得的。

若一个人处处不肯吃亏，则处处都想占便宜，于是，骄心日盛。而一个人一旦有了骄狂的态势，难免会侵害别人的利益，于是便起纷争，在四面楚歌之下，又焉有不败之理？

因此，人最难做到的就是在"吃亏是福"的前提下，认识到两点，一个是"知足"，另一个就是"安分"。"知足"则会对一切都感到满意，对所得到的一切，内心充满感激之情；"安分"则使人从来不奢望那些根本就不可能得到的或根本就不存在的东西。没有妄想，也就不会有邪念。所以，表面上看来"吃亏是福"以及"知足"、"安分"会让人有不思进取之嫌，但是，这些思想也是在教导人们能成为一个对自己有清醒认识的人，做一个清醒的正常人。因为，一个非常明白的常识——即不需要任何理论就可以证明的是，一切的祸患不都是在于人们的"不知足"与"不安分"，或者说是不肯吃亏而引起的吗？

大多数人总是相信一切都能通过人们的努力而得到改变，但也有些人却认为，人的一切努力都是徒劳的，这两种不同的思想放在一起，就产生出中国传统思想中的一种不朽的东西，即宁肯吃一些亏也要换来非常难得的和平与安全。而在此和平与安全时期之内，我们可以重新调整我们的生命，并使它再度放射出绚丽光芒。

而善于吃亏的人一般平安无事，而且一般不会吃大亏，所谓善有善报。相反，总爱贪便宜的人最终不会有真正的便宜，而且还会留下骂名，甚至因贪小便宜而毁了自己，所谓恶有恶报。

在中国传统思想中，有"吃亏是福"一说。这是哲人们所总结出来的一种人生观——它包含了愚笨者的智慧、柔弱者的力量，领略了人生的豁达和由吃亏忍让而带来的安详与宁静。与这个貌似消极的哲学相比，一切所谓积极的哲学都会显得幼稚与不够稳重，以及不够超脱与圆滑。

"吃亏是福"的信奉者，同时也一定是一个"和平主义"的信仰者。林语堂在《生活的艺术》中对所谓"和平主义者"这样写道："中国和平主义的根源，就是能忍耐暂时的失败，静待时机，相信在万物的体系中，在大自然动力和反动力的规律运行之上，没有一个人能永远占着便宜，也没有一个人永远做'傻子'。"

吃亏与忍让是常连在一起的，怕吃亏的人很难做到忍让，若一天什么事都尖刻、怕吃亏，天长地久就会众叛亲离，孤家寡人，这不是别人吃不起亏，而是看不惯这种作风，对这种人，从感情与心理上就有了讨厌与反感，首先是从人品上疏远了，怎么能与之深交与共事呢？古人讲"吃亏是福"，实际就是告诫人们：对吃亏的事要看长点，想远点，路遥知马力，日久见人心，做人处事，还是包容大气为好。

第三章　心胸放宽，道路更广

只有勇敢的人才懂得如何宽容；懦夫绝不会宽容，这不是他的本性。

——（美国）斯特恩

世界上最宽阔的是海洋，比海洋更宽阔的是天空，比天空更宽阔的是人的胸怀。

——（法国）雨果

互相理解，相互包容

宽容是一种优秀素质，一种高尚情操。宽容不是懦弱、胆怯，而是大度与包容，是笑看风云的情怀与爽朗。多一分宽容，就少一分纷争；多一分宽容，就少一分干戈；多一分宽容，就少一分阴霾；多一分宽容，就多一分理解；多一分宽容，就多一分友爱；多一分宽容，就多一分感动。

"人"字的含义就是相互支撑！在这个世界上，没有绝对的对与错。同一件事，立场不同，看法就不一样，如果你觉得受了委屈，那你为何不换个角度来看世界呢？或许你的感观就会有所改变。不要因为别人对你有10个好，只有一个不得已的原因让你感觉稍有不好，你就斤斤计较，心存怨恨。要学会以德报怨，宽容他人。因为，宽容他人就等于善待自己。

宽容就像酒吧里的调酒师，可以为你调出最美妙的滋味，最柔和的色彩；宽容好比夜幕降临时的那一轮皓月，不仅能指引你前行的方向，也能给你一份温暖的关爱。宽容别人，表面上看是你不计较他人的错误，而真正感到轻松的却是你自己，宽容别人的同时也将堵在自己心口的那块儿石头搬掉了，内心宁静了、清澈了所以宽容别人，实质上更加宽容的何尝不是自己呢？

人与人之间要互相理解，相互包容，这样的事例自古就有：秦王嬴政听取李斯"海河不择细流，故能成其深"的喻谏，收回逐客令，实行不计前怨，广招贤才的政策。若非如此，恐怕会失去一大批客臣的支持，难以创下如此丰功伟业。这样的例子在现代也屡见不鲜：著名作家萧伯纳一次饭后散步，碰见了一位与他有摩擦的官绅。萧伯纳退后一步让官绅先走，可那位官绅毫不领情，板着脸说，"我从不对比我蠢的人微笑，也不会谦让。"萧伯纳听后不但不生气，反而微笑道："我却正好相反。"如果那位官绅懂得以和为贵，就不会受到萧伯纳如此羞辱。

比大地宽广的是海洋，比海洋宽广的蓝天，比蓝天宽广的是人的心灵。有的人因为包容别人，而被别人尊重；有的人因为被别人包容，而改变了自己的一生。有的人因为包容别人而得到别人的帮助，成就了伟大的事业；有的人因为被别人包容而使自己走向成功之路，甚至为人类作出贡献而流芳百世。总之，宽容不仅是人与人之间相处的基本原则，还是走向成功的必经之路。它犹如一块块垫脚石，让你越踩越高，直到人生的顶峰。

宽容是一种美德，它可以埋没许多不必要的事情，也可使许多不可能的事情发生。它是母亲对儿子的宽容，从而造就了伟大科学家爱迪生；是君对臣的宽容，从而造就了一代名臣管仲；是自己对仇敌的宽容，从而造就了强盛一时的唐朝盛世。如果没有这些"海纳百川"的气度，这些伟大的功绩从何谈起呢？

做人，要做宽容的人，利己利人利社会的人。生活的天地如此广阔，我们没有必要在彼此摩擦中消耗时间，浪费生命。每一个人宽容一点，大度一点，我们的生活就会更为精彩、和谐、美好！

20 世纪 50 年代，台湾的许多商人知道于右任是当代著名的书法家，便纷纷在自己的公司、店铺、饭店门口挂起了署名于右任题写的招牌，以招徕顾客。其中确为于右任所题的极少，赝品居多。

一天，一学生匆匆地来见于右任，说："老师，我今天中午去一家平时常去的小饭馆吃饭，想不到他们居然也挂起了以您的名义题写的招牌。明目张胆地欺世盗名，您老说可气不可气！"正在练习书法的于右任"哦"了一声，放下毛笔，然后缓缓地问："他们这块招牌上的字写得好不好？""好我也就不说了。"学生叫苦道："也不知他们在哪儿找了个新手写的，字写得歪歪斜斜，难看死了。下面还签上老师您的大名，连我看着都觉得害臊！"

"这可不行！"于右任沉思道，"你说你平时经常去那家馆子吃饭，他们卖的东西有啥特点，铺子叫个啥名？"

"这是家面食馆，店面虽小，饭菜都还做得干净。尤其是羊肉泡馍做得特地道，铺名就叫'羊肉泡馍馆'"。

"呃……"于右任沉默不语。

"我去把它摘下来，"学生说完，转身要走，却被于右任喊住了。

"慢着，你等等。"于右任顺手从书案旁拿过一张宣纸，拎起毛笔，刷刷在纸上写下了些什么，然后交给恭候在一旁的学生，说："你去把这个东西交给店老板。"

学生接过宣纸一看，不由得呆住。只见纸上写着笔墨酣畅、龙飞凤舞的几个大字：羊肉泡馍馆，落款处则是"于右任题"几个小字，并盖了一方私章。整个书法可谓漂亮之至。

"老师，您这……"学生大惑不解。

"哈哈。"于右任抚着长髯笑道："你刚才不是说，那块假招牌的字实在是惨不忍睹吗？这冒名顶替固然可恨，但毕竟说明他还是瞧得上我于某人的字，只是不知真假的人看见那假招牌，还以为我于大胡子写的字真的那样差，那我不是亏了吗？我不能砸了自己的招牌，坏了自己的名！所以，帮忙帮到底，还是麻烦你跑一趟，把那块假的给换下来，如何？"

"啊，我明白了，学生遵命"。转怒为喜的学生拿着于右任的题字匆匆去了。就这样，这家羊肉泡馍馆的店主竟以一块假招牌换来了当代大书法家于右任的墨宝，喜出望外之余，未免有惭愧之意。

历史上还有个叫蔺相如的臣相，由于护驾有功，所以官职一路上升，引起了大将廉颇的忌妒与不满，便处处与蔺相如作对。但是蔺相如面对廉颇的无理取闹，只是笑而避之，从而有了"负荆请罪"这个故事。廉颇对于蔺相如如此宽宏大量，深感惭愧，从此两人便联手一起为赵国奉命效劳。所以说，学会宽容，于人于己都有益处。

反观历史上那些善于妒忌的人，遇到一点不满便怨天尤人，这些人纵然学问再好，也难成大器。周瑜是个卓越的军事家，才能出众，足智多谋，把庞大的东吴水师管理得井井有条。可是，当他得知了诸葛亮的神机妙算后，虽自知不如，但却不甘落败，于是整天心中盘算着如何打赢诸葛亮，在发出了

"既生瑜，何生亮"的凄叹后，最终落得个吐血身亡的结局。唉，这又是何苦呢！倘若周瑜能像蔺相如那样宽容大量，我想，他的结局肯定不会是这样！

在生活中，我们难免会与别人发生摩擦，当别人不小心踩到你的脚，你应该摆摆手，说声没关系；当别人弄坏了你的东西，向你道歉时，你也应该宽容地付之一笑。人生如此短暂，我们又何必把每天的时间都浪费在这些无谓的摩擦之中呢？天地如此宽广，比天地更宽广的应该是人的心啊！

胸怀如山谷一样深广

"江海之所以能为百谷王者，以其善下之，故能为百谷王"。老子这句话的意思是说，江海所以能成为一切小河流的领袖，就是因为它善于处在一切小河流的下游，这就是江海容纳百川的"海量"。人亦应如此，有山谷那样的胸怀，有大海那样的气度，就会"有容乃大"，成为一个思想境界高尚、文化知识广博、朋友众多的人。

虚怀若谷的本质是：不自负，不自满；不武断，不固执。看到别人的长处，虚心学习，反省自己的不足，自觉加以克服；注意倾听别人的意见，乐于接受别人的帮助。虚怀若谷是一个人能够成才、成功的重要条件。每个人都应努力培养自己虚怀若谷的品德。

俗话说"宰相肚里好撑船"，可见大人物的心胸有多大。大人物以大事为重，不拘小节，小肚鸡肠则难成大器，整天与人斤斤计较，只能成为小人。所以说一个人的心胸要像海洋、天空一样宽广，要胸怀祖国，放眼世界。要着眼于全局，不能为一些狭隘的利益争强好胜，要看得开放得下，不计较得失，要让大家知道你是一个顾全大局的人，让大家赞赏你、佩服你，那么你在大家心目中的地位就越高，你的人格魅力就能得到升华。

在荣誉面前不伸手。有时吃亏也是一种享受，"吃亏常在，破帽常戴"，你没有因小失大，反而能得到大家的信任和赞赏，成为大家的知心朋友，同一战壕里的战友，这就是你的成功，也是你最大的收获和财富。

只有虚怀若谷的人，才能终成大器。明末清初时期的顾炎武出身于官宦人家，他的祖上三代都曾中过进士，在明王朝中做过三品的高官。顾炎武自幼好学，优越的家庭环境又为他的学习创造了良好条件。他十岁即开始读《左传》、《史记》、《国语》、《资治通鉴》等史书以及《孙子》、《吴子》等兵书。顾炎武与一般的读书人不同，他不满士大夫空谈的风气，也看透了科举制度的弊病，因而他除了读史书、经书以外，还阅读了大量有关地理、税制、用兵、采矿、贸易等实用的书，以求有用于社会。

顾炎武知识渊博，对国家典制、郡邑掌故、天文仪象、河漕、兵农以及经史百家、音韵训诂之学都有研究，是当时闻名天下的著名学者。顾炎武虽然知识渊博、学问精深，但为人谦虚，经常虚心向其他学者请教，尊师敬师，从不自恃知识渊博而骄傲自满。

顾炎武作为我国一位杰出的思想家和著名学者，能根据历史的经验教训和实地考察，确立进步的社会改革观。在学术上，顾炎武著作种类繁多，计有六十二种，五百二十八卷，主要著作有《日知录》、《天下郡国利病书》、《肇域志》、《音学五书》、《韵补正》、《亭林诗文集》等。顾炎武还是一位富有民族气节的爱国者，明朝灭亡之后，他坚持反清复明，坚决不做清朝的官，至死不变。他还提出"天下兴亡，匹夫有责"这样具有强烈爱国意识的至理名言，为后人所传诵。

从顾炎武的故事里我们可以看得出，一个人胸襟有多大，度量就有多大，就能承受多大的压力。即便处在危难之中、逆境之中、压力之下，也能挺直腰杆不被困难和失败所吓倒，能以大无畏的胸怀，泰然处之。

心胸狭隘等于自寻烦恼，心胸狭隘就容易产生嫉妒心里。《三国演义》里的周瑜，"既生瑜，何生亮"成为他嫉妒的代言。周瑜是东吴的大都督，如果身经百战的他具有良好的性格，诸葛亮就是有天大的本事也气不死他。曹操因猜忌心理而杀害杨修，使他失去一个优秀人才。《红楼梦》里才貌双全的林黛玉，就是因为其性格多愁善感，忧郁猜疑，终于积郁成疾，呕血而死。

当今社会，也有不少心胸狭隘的人。有的人在一个单位，因为他人比自己优秀而心生嫉妒，成天闷闷不乐，自愧不如他人，以致意气消沉。有的人为了变成人上人而不惜采取小人之道而不择手段，搬弄是非，攻击他人，"当面一把火，背地一把刀"，不惜伤害他人而达到自己的目的。这样的人可能一时得志，终究要原形毕露，搬起石头砸自己的脚，到后来只能自取其辱，被大家所唾弃，落了个孤家寡人。

大人与小人之分，就在于心胸的大小气度的不同，大人有大量，不拘小节，大人能吃亏，大人身正一身轻，大人有大度，大人使人仰目相望，受人尊重，小人气量狭小，受人鄙视，让人不屑一顾。

天才作家卡里·纪伯伦在《贪心的紫罗兰》一文中讲了一则故事：

玫瑰花听到邻居紫罗兰的哀叹，便笑着摇了摇头说："在百花群里，你最糊涂。你身在福中不知福。大自然赋予你其他花草都不具备的芳香、文雅和美貌。你要知道虚怀若谷的人，永远不会感到贫困和饥荒，且心胸开阔无比高尚。"

每次读到这里，我总会深受启发。随着年龄和阅历增长，每每回望人生过往，我由衷感到"虚怀若谷"的深远意义。其本意是胸怀如山谷一样深广，如山谷一样宽阔，正所谓"大盈若缺，大智若愚。"说明柔弱不一定胆小，自卑不一定真傻，胸怀如苍茫天地和山崖深谷，而成汇小溪纳百川的江海湖泊，这是《道德经》中"虚怀若谷"的真谛！

但行善事，莫问前程

但行善事，莫问前程，这句话它告诫人们要向善、行善、扬善，始终怀抱善心、善意，善待所有的人，只有这样，这个世界就会少许多假、恶、丑，多了许多真、善、美，人们的生活才能称得上真正的美好。

善是生命的黄金。曾在某书上看过这么一个故事：一个在外打工几年才难得回家一次的男孩，当他深夜坐车回到家乡路口，路见一陌生男子被车撞倒在地，肇事司机早已逃走。急于回家的愿望让他正想离开，忽转念一想，他的家人是不是也会像自己父母那样在等待他的归来？于是他把那人送到了医院，那人因此得救。后来，得知那人竟是他几年未曾见过一面的亲哥哥。幸亏他当时没有袖手旁观，否则，将会造成他一生一世的悔恨和内疚。

还有一位朋友说起他发生在自己身上的故事：在他刚出来社会跑业务时，经济能力有限，步行在外，也不舍得掏钱吃饭，只是在深夜回宿舍煮一点稀饭填肚子。有一次他很晚才回来，以为舍友都睡了，却见其中一好友煮好了一碗面条在那等着他……后来，经过自己的努力终于出人头地，在社会上有了挺高的身份和地位。许多年了，他依旧还记得当初那位朋友给他煮的面条，在那个时候不仅仅是解决了温饱问题，更重要的是温暖了他的心扉，给了他从未有过的勇气、信心和力量。当然，他成功后没忘朋友曾经的支持和帮助。现在，他们在同一公司上班，好得像兄弟一样，有福同享，有难同当。

由此可见，你善待了别人，生活也会善待你。你无意中做了一点点的善事，有时往往可以让你得到意想不到甚至是十倍百倍于你付出的收获，这也正验证了"滴水之恩，当涌泉相报"的道理。

"瞎子点灯——白费烛"这句谚语几乎是家喻户晓，我也一直以为是这样。直到后来有一天，我读了一则很有哲理的故事，我才认识到自己的肤浅和狭隘。

故事的大意是这样的：一个漆黑的夜晚，一个苦行僧人走到了一个村子的黑巷子里，他看见一盏晕黄的灯正从巷子的深处缓缓前行。僧人走近才发现，原来是一位双目失明的盲人挑着灯在行走，他百思不得其解：盲人挑灯，岂不多此一举？于是僧人好奇地上前问道："施主，既然你什么都看不见，为何还要挑着灯啊？"那位盲人说："黑夜里如果没有灯光照映，那么全世界的人都会如我一样成为瞎子。所以我就点了一盏灯，既为别人照亮了路，自己也不会被别人撞到，岂不是两全其美。""哦，施主是为了别人，同时也为了自己。"

"为了别人也是为了自己"，一个瞎子能有这样精妙的大彻大悟，真是让人钦佩不已！那位盲人是不幸的，他没有健康的身体，但他却拥有博大的胸怀，他能设身处地地为他人着想。人们常用"瞎子点灯——白费烛"来比喻劳而无功、徒劳无益的事，其实也不尽然，"瞎子点灯"的故事不正是针对这一说法的有力批驳吗？

华人首富李嘉诚和比尔盖茨一样，一开始只知道赚钱，后来得到大智慧者的开示，立刻捐款多做善事，放生、救助贫困、捐助教育、修路架桥等等，他的慈善行善，默默奉献，换来了人生的辉煌时刻，那就是世界首富、有价值的人生。他说，真正懂得如何奉献国家、民族及世界的人，才是真英雄。

一位在台湾经商的朋友讲过这样一件事：

多年前的一个夏天，她作为一名公司职员去美国芝加哥参加一个家用产品展览会。午餐就在快餐厅里自行解决，当时人很多，她刚坐下，就有人用日语问："我可以坐在这里吗？"抬头一看，是一位白发长者正端着饭站在面前。她忙指着对面的位子说："请坐。"接着起身去拿刀、叉、纸巾这类的东西，担心老人家找不到，便帮他也拿了一份。一顿快餐很快就吃完了，老人临走时递来一张名片，说："如果以后有需要，请与我联络。"她一看，哟，原来老人是日本一家大公司的社长呢。

一年以后，她自己注册了一家小公司。生意做了不到一年，客户突然不做了，而这时新一年的生产计划已经定了！怎么办？真的一起步就要破产吗？她突然想起那位日本老人，就抱着一线希望去了一封简单的信，说不知你是否还记得我，我现在自己开了一家小公司，希望您能来看一看。信发出后一个星期，就收到了回信，老人说即日启程来台湾。他真的来了，还拿出样品让她试加工，在肯定了产品和质量之后，当场下了足够她做一年的大订单。她惊喜地问："您在台湾有很多大客户，而我这里只是个小公司，您真的信得过我吗？"老人从皮箱里拿出一本书来，名字叫做《人心的储存》，说："当初你给我帮助时，你并没有想到会有这样的回报。就像我在书中所写的：'人心就像一本存折，只有打开来才知道到底有多少收益。'每本心的存折正是用一点一滴的善去积累的。"

这位朋友还讲了一个真实的故事：一位教师生活清贫，都四十多岁了还没有自己的房子，一家三代六口人都挤在两间小屋子里。他很想买一套属于自己的房子，但房价一年比一年贵，他那点工资根本没法赶上房价的上涨幅度。这一年，他家附近新开盘了一个小区，他咬了咬牙，和妻子一起去售楼处询问情况，没料想在售楼处碰到了开发公司的老板。巧的是这位老板和教师还有一段渊源。原来，教师已经去世的父亲当年不仅救过这位老板父母的性命，还经常接济他们。后来，因拆迁两家失去了联系。这次机会凑巧，在售房处与朋友的后人相遇了。于是，带着感恩的心情，老板连卖带送，以很便宜的价格卖了一套房子给这位老师，终于圆了他的新房梦。

这位教师的父亲生前做的善事，竟然使子孙后代受惠。

现在的人，生活节奏快，经济压力大。看到需要帮助的人的时候，即便有帮助别人的愿望，也得权衡一下自己的时间、财力。因此在这个世界上，每做一次志愿者，每帮助一个贫困对象的机会都很难得。所以说：善最珍贵，善是黄金。

不要计较一时得失

一棵苹果树终于开花结果了，它非常兴奋。

第一年，它结了 10 个苹果，9 个被动物摘走，自己得到 1 个。对此，苹果树愤愤不平，于是自断经脉，拒绝成长。

第二年，它结了 5 个苹果，4 个被动物摘走，自己得到 1 个。"哈哈，去年我得到了 10%，今年得到 20%！翻了一番。"

这棵苹果树心理平衡了。

而它旁边的梨子树，第一年也结了 10 个苹果，9 个被摘走，自己得到 1 个。他继续成长，第二年结了 100 个果子。因为长高大了一些，所以动物们没那么好采摘了，它被摘走 80 个，自己得到 20 个。与苹果树同样是从 10% 到 20%，但果子的数目却相差 20 倍。

第三年，梨子树很可能结 1000 个果子……

其实，再成长过程中得到多少果子不是最重要的，最重要的是树仍在成长！等果树长成参天大树的时候，你自然就会得到更多。

我们在工作中，也如同一株成长中的果树。刚开始参加工作的时候，你才华横溢，意气风发，相信"天生我才必有用"。但现实很快敲了你几个闷棍，或许，你为单位做了大贡献却没什么人重视；或许，只得到口头重视但却得不到实惠；或许……总之，你觉得自己就像那棵苹果树，结出了果子，自己只享受到很小一部分，看起来很不公平。

为什么付出没有回报？为什么为什么为什么……你愤怒、你懊恼、你牢骚满腹……最终，你决定不再那么努力，让自己所付出的对应自己所得到的。

不久之后，你发现自己这样做真的很聪明，自己安逸省事了很多，得到的并不比以前少；你不再愤愤不平了，与此同时，曾经的激情和才华也在慢慢消退。但是，你已经停止成长了，而停止成长的人，还有什么前途、盼头呢？

这样令人惋惜的故事，在我们身边比比皆是。之所以演变成这样，是因为那些人忘记生命是一个历程，是一个整体，总觉得自己已经成长过了，现在是到该结果子收获的时候了。他们因太过于在乎一时的得失，而忘记了成长才是最重要的。

有一位年轻人在一家外贸公司工作了1年，而且苦活累活都是他干，工资却最低。他曾试探性地与老板谈了待遇问题，但老板没有任何给他涨工资的迹象。

这个年轻人本来想混日子算了，同时骑驴找马另寻他路。当年轻人把自己的想法告诉了一位年长的朋友，他的朋友建议他："出去试试也不错，不过，你最好利用现在这个公司作为锻炼自己的平台，从现在就开始更加努力工作与学习，把有关外贸大小事务尽快熟悉与掌握。等你成为一个多面手之后，跳槽时不就有了和新公司讨价还价的本钱了吗？"

年轻人想想朋友的建议也有道理。利用现在这样一个有工资的学习条件，自然是不错。

又是一年后，朋友再次见到了这位昔日不得志的年轻人。一阵寒暄过后，问年轻人："现在学得怎么样？可以跳槽了吧？"年轻人兴奋中夹杂着一丝不好意思，回答道"自从听了你的建议后，我一直在更加努力地学习和工作，只是现在我不想离开公司了。因为最近半年来，老板给我又是升职，又是加薪，还经常表扬我。"——看看，这就是一个"成长"的人的收获。你长得越大，别人就越不敢怠慢你。退一步说，即使被怠慢了，你一身好武艺，何愁没前途？

换位思考，减少烦恼

朋友老张告诉我，现在他才终于明白老板为什么一个个都那么小气了。老张之所以明白了，是因为不久前他辞职当了老板。在给别人打工时，不少人总喜欢埋怨老板刻薄，不公平；而等到自己真正当了老板时，才知道老板也有老板的难处。

在工作与生活中，很多不平之气其实是源于"各执一端"。你在你的立场上看，老板刻薄得要死；老板站在老板的立场上看，又觉得自己厚道得有点过了。如果你遭受了不公平，不要急着控诉、抗争或苦恼，不妨先进行一下换位思考。

所谓换位思考，指的是换个位置，设身处地站在对方的立场来看事情。处于不同位置的人们，对事情都有着不同的看法。员工有员工的立场，老板有老板的立场；丈夫有丈夫的立场，妻子有妻子的立场。立场不同，对同一事物的感受就会不同。例如丈夫不做家务，对于妻子来说也许不公平，但假设站在丈夫的立场，丈夫工作一天累了，回家不想动，似乎也不算是什么大的错误。而唠叨啰嗦的妻子固然惹丈夫烦，但只要想想妻子在家一天都没有多少人陪他说话，好容易等丈夫下班了有机会多说几句，似乎也在情理之中。

有一句话是这样说的："看一个人的智力是不是上乘的，就看他会不会经常进行换位思考。"实际上，在进行换位思考的同时，我们也正逐步靠近真理。从社会的角度来讲，相互理解、换位思考是建立和谐社会的基础；从个人的角度来说，换位思考是保障自身利益的明智选择。生活在这个社会中的每一个人，都有一个公开的、对外的身份，这就决定了人们往往习惯于站在自己的立场上为人处世和思考问题。

明白了这些，下次再在我们感觉受到不公平的对待时，当我们为获得所谓的公平而不依不饶时，我们不妨先问问自己："如果我是对方会怎么样？"也许会因为你立场的变化而改变。海尔公司的总裁曾亲自砸烂未能通过质检的不合格冰箱，因为他知道如果他是消费者，一定会因新买来的洗衣机出现故障而烦恼。松下公司对一位犯了重大事故的员工并未做出开除或是降薪的处罚，因为公司领导知道，如果他是那位员工，一定会对自己的失误给公司造成的巨大经济损失心存懊悔。这样的换位思考，使海尔电器畅销全球；这样的换位思考，使松下公司凝聚力大大提高。

当我们学会并做到换位思考的时候，我们会发现原来生活其实很美好，每一天的心情都是很好的。如果你在生活工作中遇到了什么不开心的事情，先试着换位思考一下，这时候心里就不会觉得特别别扭了。

换位思考是一种闪耀的智慧，是一种理性的牵引。换位思考能产生一种巨大的人格力量，有强大的凝聚力和感染力，它就如一泓清泉，浇灭嫉妒的焦虑之火，可以化冲突为祥和，化干戈为玉帛。其实，换位思考并不是什么深奥的东西，它存在于生活中的每个角落。我们少一点随意，别人就多一些轻松；我们少一些刻薄，别人就多一些宽容。

己所不欲，勿施于人

"己所不欲，勿施于人"出自《论语》。在《论语》中，这句名言出现了两次，由此可见孔子对这一品德的高度重视。

孔子说话平易近人，从不对他人做过高要求，所以对孔门弟子，他并不要他们做到"人所欲，施之人"，只要求他们"己所不欲勿施于人"就可以了。这就是孔子反复提到这句话的原因。

"己所不欲，勿施于人"，是当今人们处理人际关系的一个重要原则。它是指人应当以对待自身的行为为参照物来对待他人。人应该有宽广的胸怀，待人处事之时切勿心胸狭窄，而应宽宏大量，宽恕待人。倘若自己所不欲的，硬推给他人，不仅会破坏与他人的关系，也会将事情弄得僵持而不可收拾。人与人之间的交往确实应该坚持这种原则，这是尊重他人，平等待人的体现。人生在世除了关注自身的存在以外，还得关注他人的存在，人与人之间是平等的，切勿将己所不欲施于人。

所谓"己所不欲，勿施于人"，就是用自己的心推及别人，自己希望怎样生活，就要想到别人也会希望怎样生活；自己不愿意别人怎样对待自己，也就不要那样对待别人；自己希望在社会上能站得住脚，能发展的好，就帮助别人也能站得住脚，能发展的好。总之，从自己的内心出发，推及他人，去理解他人，对待他人。"己所不欲，勿施于人"简单地说就是推己及人，它和中国民间常说的将心比心，设身处地为别人想一想等等，指的都是一个意思。

春秋晋国有一名叫李离的狱官，他在审理一件案子时，由于听从了下属的一面之词，致使一个人冤死。待真相大白后，李离准备以死赎罪。晋文公说：官有贵贱，罚有轻重，况且这件案子主要错在下面的办事人员，又不是你的罪过。李离说："我平常没有跟下面的人说我们一起来当这个官，拿的俸禄也没有与下面的人一起分享。现在犯了错误，如果将责任推到下面的办事人员身上，我又怎么做得出来。"他拒绝听从晋文公的劝说，伏剑而死。这便是"己所不欲，勿施于人"典故的由来。

孔子在《论语》里所强调的，是人应该宽恕待人，应提倡"恕"道，唯有如此才是仁的表现。"恕"道是"仁"的消极表现，而其积极表现便是"己欲立而立人，已欲达而达人"。孔子所阐释的仁以"爱人"为中心，而爱人这种行为就包括宽恕待人这一方面。

下面是一个真实的故事，故事发生在非洲某个国家。那个国家的白人政府实施种族隔离政策，不允许黑皮肤人进入白人专用的公共场所。白人也不喜欢与黑人来往，认为他们是低贱的种族，避之唯恐不及。

有一天，有个长发的白人女孩躺在沙滩上做日光浴，由于过度疲劳，她睡着了。当她醒来时，太阳已经下山了。此时她觉得饥饿，便走进沙滩附近的一家餐馆。她推门而人，选了张靠窗的椅子坐下，她坐了约15分钟都没有侍者前来招待她。她看着那些侍者都忙着服务那些比她来得还迟的顾客，对她则不屑一顾。她顿时怒气满腔，想上前去责问那些侍者。

当她站起身来，看到眼前有一面大镜子，看着镜中的自己，她恍然大悟。原来她已被太阳晒黑了，此时，她才真正体会到被白人歧视的滋味！她也第一次感到自己过去也曾有过的对黑人的歧视是过分的，不人道的。

为什么在现代社会要提倡"己所不欲勿施于人"呢？因为，我们种下什么，收获的就是什么。播种一个行动，你会收到一个习惯；播种一个习惯，你会收到一个个性；播种一个个性，你会收到一个命运；播种一个善行，你会收到一个善果；播种一个恶行，你会收到一个恶果。

我国历史上有过许多推己及人的先贤，大禹治水的故事就是"与其堵而抑之，不如疏而导之"的崇高典范。大禹接受治水的任务时，刚刚和涂山氏的一个姑娘结婚。当他想到有人被洪水淹死时，心里感觉就像自己的亲人被淹死一样痛苦、不安，于是他告别了新婚妻子，率领 27 万治水群众夜以继日地进行疏导洪水的工作。在治水过程中，大禹三过家门而不入。经过 13 年的奋战，疏通了九条大河，使洪水流入了大海，消除了水患，完成了流芳千古的伟大业绩。

到了战国时期，有个叫白圭的人和孟子谈起这件事，他夸口说："如果让我来治水，一定能比禹做得更好。只要我把河道疏通，让洪水流到邻近的国家去就行了，那不是省事得多吗？"孟子很不客气地对他说："你错了！你把邻国作为聚水的地方，结果将使洪水倒流回来，造成更大的灾害。有仁德的人，是不会这样做的。"

从大禹治水和白圭谈治水这两个故事来看，白圭只为自己着想，不为别人着想，这种"己所不欲，要施于人"的错误思想，是难免要害人害己的。大禹治水把洪水引入大海，虽然费工费力，但这样做既消除了本国人民的灾害，又消除了邻国人民的灾害。这种推己及人的精神，多么值得我们钦佩和效法。

"推己及人"这种替别人着想的道德情怀不仅在中国，在全世界也有着广泛的影响。据说国际红十字会总部里，就悬挂着孔子"己所不欲，勿施于人"的语录，体现了人类对美好人际关系的向往。

在中国，有句俗语叫人和万事兴，推己及人的懿言嘉行，正是实现人和的润滑剂。愿我们所有的炎黄子孙，都能时时处处推己及人，使五千年灿烂文明之花，开得更加艳丽芳香。

丢掉狭隘的公平

一位年轻貌美的少妇曾向人们诉说自己五年不愉快的婚姻生活。她的丈夫因为一句话没说好，就会惹她生气，她会大发雷霆地说道："你怎么可以这样说，我可是从来没有向你说过这样的话。"当他们提到孩子时，这位少妇说："那不公平，我从不在吵架时提到孩子。""你整天不在家，我却得和孩子看家。"……

她在婚姻生活中处处要公平，难怪她的日子过得不愉快，整天都让公平与不公平的问题搅扰自己，却从不反省自己，或者没法改变这种不切实际的要求。如果她对此多加考虑的话，相信她的婚姻生活会大大改观。

还有一位夫人，她的丈夫有了外遇，使她感到万分伤心，并且她还弄不明白为什么会这样？她不断地问自己"我到底有什么错儿？我哪一点配不上他？"她认为丈夫对她的不忠实在是太不公平。终于，她也效仿自己的丈夫有了外遇，并且认为这种报复手段可谓公平。但是，同愿望相反，她的精神痛苦并未减轻。

狭隘的公平是：你这样做了，我也要这样做；我那样做了，你也要那样做。比如，你周末去钓鱼了，我也要去郊游。或者，我请你吃了饭，你就要回请。人们常常认为这样做才是懂礼貌、有教养。然而，这实际上仅仅是保持公平的一种做法。

在爱人对你表示亲热之后，总要回吻，要不就是说"我也爱你"，而不会自己选择表达感情的时间、方式和场所。这说明在一般人看来，接受了别人的亲吻或"我爱你"而没有相应的表示，就是不公平的。

认为"如果他能这样做，我也可以这样做"，用别人的错误行为来为自己的错误辩解，用这种错误的理由解释自己的作弊、偷窃、欺诈、迟到等不符合通常价值观念的行为。例如，在公路上开车时，一辆车把你挤到了路边，你也要去挤他一下；一个开慢车的人在前面挡了你的路，你也要赶上去挡他一下；迎面来车开着大灯晃了你的眼，你也要打开自己的大灯。实际上，你是因为别人违反了你的公正观念，而拿自己的性命赌气。这就是在孩子们中间经常出现的"他打了我，所以我要打他"的做法，而孩子们则是在多次见到父母的类似行为之后才学会这样做的。如果这种"以眼还眼、以牙还牙"的报复做法扩大到国家关系上，就会导致战争。

"为什么是我？"一位得知自己罹患癌症的病人对大师哭诉，"我的事业才正要起步，孩子还小，为什么会在此时得这种病？"

大师说："生命中似乎没有任何人、任何时候，适合发生任何不幸，不是吗？"

"但是，她还那么年轻，而且人又那么善良，怎么会这样？"一旁陪她来的朋友不平地说。

"雨水落在好人身上，也会落在坏人身上。"大师说，"有些好人甚至比坏人要淋更多的雨。"

"为什么？"

"因为坏人偷走了好人的伞。"大师答道。

没错，人生本来就不公平。

如果世界上每件事都公平，为什么有些人从小就是天才，有些人却是弱智？为什么有人生下来就是王子，有些人却生在难民营？

如果世界上每件事都要公平，鸟儿不能吃虫，老鹰也不能吃鸟，那么生命将如何延续下去？

人世间的纷纷扰扰，又岂是"公平"二字能规范得了的？生不公平，有人生于富贵人家，有人生于茅屋寒门；死不公平，有人英年早逝，有人寿比南山。生与死都不公平．我们又拿什么来要求处于生死之间的人生旅程中事事公平？

看了上面的话，也许有人很沮丧：难道人世间就没有了公平吗？不是的，人世间不仅有公平而且在绝大多数情况下是公平的。正是因为有了公平的存在，我们才能看到不公平；也正因为公平存在于大多数正常人的头脑之中，不公平才会如此刺眼。

值得注意的是，公平需要放在一个较长的时间系统里去看。唐僧师徒过了九九八十一难才取回真经，如果只过了八八六十四难，付出是付出了，但依然是没有回报的。在一个足够的时间与空间体系内，社会是公平的，但我们不可能在任何时候、任何地点、任何事情都强求绝对的公平。山有高有低，水有深有浅。这个世界，不存在绝对的公平。如果我们事事要求公平，必然会陷入愤怒与过激之中。爱默生说："一味愚蠢地强求始终公平，是心胸狭隘者的弊病之一。"

一个人听数学老师说抛掷硬币时，正反面朝上的几率各半。他掷第一次时，是正面。第二次，还是正面。第三次，还是正面。这不公平！这个人怒气冲冲地扔掉硬币，气愤地找老师算账。其实，尽管我们不能保证他第四次抛掷硬币会变成反面朝上，但我们能保证他抛掷一千次、一万次，正反面朝上的次数会基本接近。想想这个很容易理解的例子，也许你能在遭受所谓的不公平时，会释然很多。

心平则事平

在这个世界的每一个角落。似乎都充满了抱怨与控诉。

为什么好心没有好报？

为什么我的机会那么少？

为什么一分耕耘换不回一分收获？

为什么，为什么……太多的为什么，却很少有人找到真正的答案。

于是，怨天尤人、悲观宿命之类的行为与思想甚嚣尘上：不是我做得不好，而是人心太险恶；不是我付出太少，而是我命中注定劫难难逃……总之，是上天不公、世道不平，才造就了我的今日。

可以说，"不公平"是经常滋生在我们心中的一个念头。这个念头让我们痛苦、无助。

惠能大师在法性寺，看到两个和尚在飘动着法幡的旗杆下面争吵不休。

一个和尚大声叫道："明明就是旗子在动嘛！这有什么好争论的？"

另一个和尚反驳道："没有风，旗子怎么会动？明明就是风在动嘛！"

两人争论不休，谁也不服谁，周围很快聚了一堆看热闹的人。大家都议论纷纷，莫衷一是。

惠能大师摇头叹气，走上前对众人说："既不是风动，也不是旗动，而是你们大家的心在动啊！"

"旗动风动"都是立场之争，二者是互动的。不管旗动风动都是外在的，不是我们能主导的，只有心动才是自己能掌控的，就像人们在看待公平不公平这件事上，很多时候根本就不是事情不平，而是自己的心不平。这也像太阳下本来就是亮堂的，而某人戴着一副墨镜拼命埋怨世界太阴暗一样可笑。

人是万物的尺度。有的人睡不着觉，会从自身找原因；而有的人却喜欢抱怨床歪了。每个人都有自己的一套评判标准，然后根据这套标准来定义外界。

陆冰在进入公司三年后，突然发现自己的日子难过起来了。按说，在公司里的同一个职位上经过三年的历练，他应该在工作中"混"得如鱼得水才对。可他最近两个月感觉很吃力——因为公司老板总是分派一些额外的、不属于他本职工作范围里的事情让他去做。为了完成手边额外的工作，他不得不经常加班。原先悠闲的生活节奏完全被打乱了，陆冰心理不太舒服，感觉老板这样子对待自己不公平。公司那么多的人，为什么偏偏老是把所有的事情让自己来扛啊？

不过郁闷归郁闷，他既然端了人家的饭碗，在职业道德的约束下，他还是努力地做好所有的事情，只在回家后倒到苦水。一次，在加班后回到家里，正赶上岳父大人来看望他们。陆冰一通苦水还没有倒完，就听到岳父高兴地祝贺他："恭喜你，你要升职了！"原来，岳父根据他几十年的企业管理经验，推断出这是陆冰升职的讯号。

陆冰听了岳父的说法，心里顿时亮堂起来，原先"不公平"的阴霾一扫而空。可见，人们心中所谓的"不公平"，常常之是一个很自我的评判。后来陆冰是否升职其实并不重要，即使他没有升职，他不也通过额外的工作获得了更多的职业能力、拓展了更宽的职业发展道路，何况他通过加班还赚得了一些加班费。从这一个角度来看，无论结果如何，都不存在"不公平"。

心一平了，气就消了，"不公平"的也"公平"了。能想到这一层的人，还会有什么想不开的呢？

第四章　控制情绪，远离迁怒

眼界要阔，遍历名山大川；度量要宏，熟读五经诸史。

——（清代）金缨

紫罗兰把它的香气留在那踩扁了它的脚踝上。这就是宽怒。

——（美国）马克·吐温

不为小事而生气

如果你问一个人，你活着是为了什么？有人会说快乐，有的人会说幸福，有的人会说成功……但肯定没有一个人会说自己活着是为了生气的。

没有谁喜欢有事没事生气玩的，但很多人却有事没事就生气。其实，不是生活中的不顺心太多，而是因为我们忘了自己活着是为了什么。

有一位金代禅师非常喜欢种兰花，在平日弘法讲经之余，花费了许多的时间栽种兰花。有一天，他要外出讲学，于是就交代身边的小和尚，要照顾好寺院里的兰花。

禅师走了以后，小和尚悉心地照顾兰花，但有一天在浇水时不小心摔了一跤，把花架撞倒了，所有的花盆都摔碎了，兰花散了满地，很多都被摔坏了。

小和尚心里非常不安，每天都吃不下饭，睡不着觉。

过了几天，禅师回来了，小和尚心惊胆战地向禅师赔罪。

禅师看着泪流满面的小和尚，不但没有责怪，反而和蔼地安慰他。

"那么，师父您真的不生我的气么？"小和尚以为禅师可怜他年纪小才饶了他。

禅师笑着说道："我种兰花，是用来供佛的，我又不是为了生气才种花的。"

　　禅师种花不是因为爱花，而是为了供佛，这就是禅师最初的愿望。当一整架的兰花都被摔坏以后，他并没有生气，因为他没有忘记自己原本的愿望。没有了种养的兰花，采些野花来一样可以供佛，所以才会说"我又不是为了生气才种花"这样的话。你是不是也从金代禅师的大彻大悟里得到一些启示呢？

　　在日常生活中，我们常常会有很多的烦恼，时不时地还搞一些脾气出来。回过头想想，那些惹得我们大发脾气的事情其实没什么大不了，不过是一些小事、一段小插曲而已，只是当时太认真了。

　　所以，当我们遇到这样或那样的不痛快的时候，不妨想一想，我们做这些事究竟是为了什么。当我们找回自己最初的愿望的时候，就会发现眼下的不快其实根本算不了什么。

　　每当生气的时候，不妨想一想禅师的教诲：

　　"我不是为了生气才种花的！"

　　"我不是为了生气才工作的！"

　　"我不是为了生气才恋爱的！"

　　"我不是为了生气才结婚的！"

　　当你这样做了之后，你就会发现，你的生活一下子变得阳光灿烂了！

　　由此可以得出，不论什么时候，当烦恼袭来的时候，一定要记得告诉自己一声：我不是为了生气才活着的。

　　过去听老师讲过一个故事，说的是有一个脾气很坏的男孩。他的爸爸给了他一袋钉子，告诉他，每次发脾气或者跟人吵架的时候，就在院子的篱笆上钉一颗。第一天，男孩钉了37 根钉子。后面的几天他学会了控制自己的脾气，每天钉的钉子逐渐减少了。他发现，控制自己的脾气，实际上比钉钉子要容易得多。终于有一天，他一颗钉子都没有钉，他高兴地把这件事告诉了爸爸。

爸爸说："从今以后，如果你一天都没有发脾气，就可以在这天拔掉一颗钉子"。

日子一天一天过去，最后，钉子全被拔光了。爸爸带他来到篱笆边上，对他说："儿子，你做得很好，可是看看篱笆上的钉子洞，这些洞永远也不可能恢复了。就像你和一个人吵架，说了些难听的话，你就在他心里留下了一个伤口，像这个钉子洞一样。"

插一把刀子在一个人的身体里，再拔出来，伤口就难以愈合了。无论你怎么道歉，伤口总是在那儿。要知道，身体上的伤口和心灵上的伤口一样都难以恢复。

工作中，生活中，难免有种种不愉快，情绪很容易有大的起伏。这时候，你一定要告诉自己，千万不要动辄生气，更不可以冲别人发脾气。

你身边的朋友，你的另一半，是你宝贵的财产，他们让你开怀，让你更勇敢。他们总是随时倾听你的忧伤。你需要他们的时候，他们会支持你，向你敞开心扉。因此，他们不该成为你坏脾气的牺牲品。

一定不要为小事生气，这样不仅显示你是一个没有度量、小肚鸡肠的人，对你自己也没什么好处。记住，其实一切都没有什么大不了。

从前在西藏，有个人年轻的时候，每次生气和人起争执的时候，就以很快的速度跑回家去，绕着自己的房子跑三圈，然后坐在田边喘气。

他工作非常勤劳努力，后来他的房子越来越大，土地也越来越广。但不管房产地产有多广大，只要与人争论而生气的时候，他就会绕着房子跑三圈。直到他老了，他的房产地产也已经很广大了，他生气的时候，仍然拄着拐杖艰难地绕着房子走上三圈。等他好不容易走完三圈的时候，太阳已经下山了，他独自坐在田边喘气。

他的外孙在身边恳求他："外公，您已经这么大年纪了，这附近地区也没有其他人的土地比您的更广，您不能再像以前一样一生气就绕着房子跑了。还有您可不可以告诉我为什么您一生气就要绕着房子跑三圈呢？"

看着外孙那可爱的脸蛋，他终于说出多年的秘密，他说："年轻的时候，我一和人吵架、争论、生气，就绕着房子跑三圈，边跑边想自己的房子这么小，土地这么少，哪有时间和人生气呢？一想到这里气就消了，把所有的时间都用来努力工作。"

外孙又问道："外公，您年老了，又变成最富有的人，为什么还要绕着房子跑呢？"

他笑着说："我现在还是会生气，生气时绕着房子跑三圈，边跑边想自己的房子这么大，土地这么多，又何必和人计较呢？一想到这，气也就消了。"

所以说，想要拥有一个幸福的人生，其实也很简单。第一，你不要拿自己的错误惩罚自己，第二不要拿自己的错误处罚别人，第三不要拿别人的错误处罚自己。有这么三条，你就不会再为小事情生气了。

他人气我我不气

人生难免遇到不如意的事情。许多人遇到不如意的事常常会生气：生怨气、生闷气、生闲气、生怒气。殊不知，生气，不但无助于问题的解决，反而会伤害感情，弄僵关系，使本来不如意的事更加不如意，犹如雪上加霜。更严重的是，生气极有害于身心健康，简直是自己"摧残"自己。

德国学者康德说："生气，是拿别人的错误惩罚自己。"古希腊学者伊索说："人需要平和，不要过度地生气，因为从愤怒中常会产生出对于易怒的人的重大灾祸来。"俄国作家托尔斯泰说："愤怒使别人遭殃，但受害最大的却是自己。"清末文人阎景铭先生写过一首《不气歌》，颇为幽默风趣：

他人气我我不气，我本无心他来气。

倘若生气中他计，气出病来无人替。

请来医生将病治，反说气病治非易。

气之为害太可惧，诚恐因气将命废。

我今尝过气中味，不气不气真不气！

美国生理学家爱尔马，为研究生气对人体健康的影响，进行了一个很简单的实验：把一支玻璃试管插在有水的容器里，然后收集人们在不同情绪状态下的"气水"，结果发现：即使是同一个人，当他心平气和时，所呼出的气变成水后，澄清透明，一无杂色；悲痛时的"气水"有白色沉淀；悔恨时有淡绿色沉淀，生气时则有紫色沉淀。

爱尔马把人生气时的"气水"注射在大白鼠身上，不料只过了几分钟，大白鼠就死了。这位专家进而分析：如果一个人生气10分钟，其所耗费的精力，不亚于参加一次3000米的赛跑；人生气时，体内会合成一些有毒性的分泌物。

经常生气的人无法保持心理平衡，自然难以健康长寿，活活气死者也并不罕见。另一位美国心理学家斯通博士，经过实验研究表明：如果一个人遇上高兴的事，其后两天内，他的免疫能力会明显增强；如果一个人遇到了生气的事，其免疫功能则会明显降低。

生气既然不利于建立和谐的人际关系，也极有害于自己的身心健康，那么，我们就应当学会控制自己，尽量做到不生气，万一碰上生气的事，要提高心理承受能力。自己给自己"消气"。要学会息怒，要"提醒"和"警告"自己："万万不可生气"，"这事不值得生气"，"生气是自己惩罚自己"，使情绪得到缓冲，心理得到放松。

把生气消灭在萌芽状态。要认识到容易生气是自己很大的不足和弱点，千万不可认为生气是"正直""坦率"的表现，甚至是值得炫耀的"豪放"。那样就会放纵自己，真有生不完的气，害人害己，遗患无穷。

愚者斗气，智者斗志

斗气会使人的眼界变小，忘了气之外还有更重要的事、更广大的天地。与人对抗，千万不可激怒，你一怒，就会头脑发热，失去理智，使事情变得不可收拾。

在现实生活中，我们几乎时时可以碰到斗气的情形。

一对青年男女意见不合而吵架，两人都很生气，可是谁也不想先开口道歉，这便是斗气。

某甲得罪了某乙，某乙回头羞辱某甲，某甲感到自己失去了颜面，便与某乙结下一仇恨的种子，结果总是伺机报复、明争暗斗，这也是斗气。

人是一种高级动物，可是人和其他动物的不同点之一便是：人会斗气，其他动物虽然也会相斗，但不会斗气。斗气是人类很自然的反应，可是斗气只能带给人一时的激情与满足，本身并没有什么积极的结果，甚至可以说，斗气的破坏性大于建设性。原因如下：

斗气会使你应追求的目标变得模糊。例如夫妻斗气会妨碍家庭幸福；两人斗气，会荒废事业；两个公司斗气，会互相毁灭；两个国家为斗气而发生战争，会导致民不聊生。为斗气而投入大量的时间、精力和金钱，智者不为。

"气"是一种空虚和漂浮的东西，因此也是不能长久的。

很多人的失败都是因为自己故意斗气，只有到了年纪大了之时，他们才了解斗气的荒谬可笑。"志"却是一种稳定实在、充满力量的东西，因此"志"与"气"相对，"气"绝无胜算之机。须知，一条线，你不能把它变短，你只有画一条比它更长的线，此谓"斗志""斗智"。一个问题，你不能快速地解决，那么你可以放弃与对手硬拼。

一位搏击高手参加锦标赛，自以为稳操胜券，一定可以夺得冠军。出乎意料，在最后的决赛中，他遇到一个实力相当的对手，双方竭尽全力出招攻击。当对方打到了中途，搏击高手意识到，自己竟然找不到对方招式中的破绽，而对方的攻击却往往能够突破自己防守中的漏洞，有选择地打中自己。

比赛的结果可想而知，搏击高手惨败在对方手下，也失去了冠军的奖杯。

他愤愤不平地找到自己的师父，一招一式地将对方和他搏击的过程，再次演练给师父看，并请求师父帮他找出对方招式中的破绽。他决心根据这些破绽，苦练出足以攻克对方的新招，决心在下次比赛时，打倒对方，夺回冠军的奖杯。

师父笑而不语，在地上画了一道线，要他在不能擦掉这道线的情况下，设法让这条线变短。

搏击高手百思不得其解，怎么会有像师父所说的办法，能使地上的线变短呢？最后，他无可奈何地放弃了思考，转向师父请教。

师父在原先那道线的旁边，又画了一道更长的线。两者相比较，原先的那道线，看来变短了许多。

师父开口道："夺得冠军的关键，不仅仅在于如何攻击对方的弱点，正如地上的长短线一样，如果你不能在要求的情况下使这条线变短，你就要懂得放弃在这条线上做文章，寻找另一条更长的线。那就是只有你自己变得更强，对方就如原先的那道线一样，也就在相比之下变得较短了。如何使自己更强，才是你需要苦练的根本。"

徒弟恍然大悟。

师父笑道：搏击要用脑，要学会选择，攻击其弱点，同时要懂得放弃，不跟对方硬拼，以自己之强攻其弱，你就是冠军。

"魔高一尺，道高一丈。"学会选择攻击对手的薄弱环节，学会斗智，正如故事中的那位搏击高手，欲找出对方的破绽，给予致命的一击，用最直接、最锐利的技术或技巧，快速解决问题。

另一条路是斗志。懂得放弃，不跟对方硬拼，全面增强自身实力，画出一条更长的线。就是故事中那位师父所提供的方法，更注重在人格、知识、智慧、实力上使自己加倍地成长，变得更加成熟，变得更加强大，以己之强攻彼之弱，许多问题便不治而愈，迎刃而解。

用争气代替生气

人生难免或多或少受到一些不公平的对待。许多人在这个时候常常会生气：生怨气、生闷气、生闲气、生怒气……殊不知，生气，不但无助于问题的解决，反而会伤害感情，弄僵关系，使本来不如意的事变得更加不如意，犹如雪上加霜。更严重的是，生气极有害于自己的身心健康，简直是在"摧残"自己。

古希腊学者伊索说："人需要平和，不要过度地生气，因为从愤怒中常会对易怒的人产生重大灾祸。"俄国作家托尔斯泰说："愤怒使别人遭殃，但受害最大的却是自己。"清末文人阎景铭先生写过一首《不气歌》，颇为幽默风趣：

> 他人气我我不气，我本无心他来气。
>
> 倘若生气中他计，气出病来无人替。
>
> 请来医生将病治，反说气病治非易。
>
> 气之为害太可惧，诚恐因气将命废。
>
> 我今尝过气中味，不气不气真不气！

美国生理学家爱尔马，为研究生气对人健康的影响，进行了一个很简单的实验：把一支玻璃试管插在有水的容器里，然后收集人们在不同情绪状态下的"气水"，结果发现：即使是同一个人，当他心平气和时，所呼出的气变成水后，澄清透明，一无杂色；悲痛时的"气水"有白色沉淀；悔恨时有淡绿色沉淀，生气时则有紫色沉淀。爱尔马把人生气时的"气水"注射在大白鼠身上，不料只过了几分钟，大白鼠就死了。这位专家进而分析：如果一个人生气 10 分钟，其所耗费的精力，不亚于参加一次 3000 米的赛跑；人生气时，体内会合成一些有毒性的物质。经常生气的人无法保持心理平衡，自然难以健康长寿，被活活气死者并不罕见。另一位美国心理学家斯通博士，经过实验研究表明：如果一个人遇上高兴的事，其后两天内，他的免疫能力会明显增强；如果一个人遇到了生气的事，其免疫功能则会明显降低。

杜绝生气的另一种可行办法是：变生气为争气。美国酒店经营企业家希尔顿在年轻时比较贫穷。有一次他进饭店吃饭，因为衣着寒酸，被服务员冷落了好久。等到服务员终于上来服务，也是一副打发叫花子的模样。希尔顿顺手翻了翻菜谱，服务员就不耐烦了，说：后面的你就别看了，你要的都在前面这一页。为什么这么说呢？因为后面的菜都是比较贵的。希尔顿被服务员的话给气得不行，心想来的都是客，这样子对我也太不公平了吧？但他还是压制住自己的怒火，点了一样他消费得起的便宜菜。

饭吃完后，希尔顿的火气也慢慢消了。他心中有了一个念头：将来一定要买下这家饭店！当然，他后来的发展不止是买下一家酒店，而是在全世界拥有最著名的饭店管理集团，这就叫变生气为争气。

每个人都希望被人重视、受人尊重、受人欢迎，但有时又难免被人嘲弄、受人侮辱、被人排挤，生活给了我们快乐的同时，也给了我们伤痛的体验。而这就是生活，这就是我们需要面对的人生。有的人能够很坦然地面对一切，痛并快乐着；有的人却成天为一点小事火上心头，或者悲观丧气，怨天尤人。其实，很多时候不过是自己小肚鸡肠，去斤斤计较那些虚无的名利，而把所有的责任都推到别人的身上。我们为什么不想想，如果我们自己足够优秀，别人还会对你冷眼嘲讽吗？所以，让自己快乐的最好办法就是自己去争气，去做得更好，在人格上、在知识上、在智慧上、在实力上使自己加倍成长，变得更加强大，使许多问题迎刃而解。这就是所谓生气不如争气的精髓。

人活着就是争一口气，这口气不是生气而是争气。不过，要争气就得有志气。人最大的敌人就是自己，能战胜自己的才算坚强，而战胜别人的人只不过是有力量而已。不仅如此，一个人的成功主要还不在其有多高的天赋，也不在其有多好的环境，而在于是否具有坚定的意志、坚强的决心和明确的目标。而整体实力才是唯一的通行证，也是最可靠和有效的通行证，认识到这一点，你才能畅行无阻。

美国汽车大王亨利·福特曾经提到，自己之所以能有如此的成就，完全得益于一件小事。

在他还是一个修车工人的时候，有一次刚领了薪水，他兴致勃勃地到一家高级餐厅吃饭。却不料，年轻的亨利·福特在餐厅里呆坐了差不多 15 分钟，居然没有一个服务生过来招呼他。

最后，还是餐厅中的一个服务生看到亨利·福特独自一人坐了那么久，才勉强走到桌边，问他是不是需要点菜。

亨利·福特连忙点头说是，只见服务生不耐烦地将菜单粗鲁地丢到他的桌上。亨利·福特刚打开菜单，看了几行，就听见服务生用轻蔑的语气说道："菜单不用看得太详细，你只需要看右边的部分（意指价格低）就行了，左边的部分（意指价格高），你就不必费神去看了！"

亨利·福特惊愕地抬起头来，目光正好迎着服务生脸上满是不屑的表情，当下亨利·福特非常生气。恼怒之余，便不由自主地想点最贵的大餐；但转念又想起口袋中那一点点微薄可怜的薪水，不得已咬了咬牙，只点了一个汉堡。

服务生从鼻孔中"哼"了一声，傲慢地收回亨利·福特手中的菜单。口中虽然没有再说话，但脸上的表情却很清楚地让亨利·福特明白："我就知道，你这穷小子，也只不过吃得起汉堡罢了！"在服务生离去之后，亨利·福特并没有因为花钱受气而继续恼恨不休。他反倒冷静下来，仔细思考：为什么自己总是只能点自己吃得起的食物，而不能点自己真正想吃的大餐。

亨利·福特当下立志，要成为社会中顶尖的人物。

从此之后，他努力地朝梦想前进，由一个平凡的修车工人，逐步成为叱咤风云的汽车大王。

干生气有什么作用？生气仅仅是一种情绪化的表现而已，仅仅停留在口头或拳头之上。但争气却是一种实实在在的行动反击。争气不是说有就有的，要靠努力才可以实现。争气值得喝彩，争气值得鼓励，争气是最值得人人都学习的。总之，生气是一种消极的发泄，而争气才是一种积极的作为。

争气不是争一时之意气，而是应该考虑到整体形势，不利于己时就忍一忍、让一让，百忍方可成金，不看情况就去争斗的人，只不过是匹夫之勇罢了。能忍住眼前之气，同样是一种可贵的心性，更是一种难得的智慧，忍小气才可以得大益；忍在大处，才能赢在大处。生于战国末年的张良本来名叫姬良，他是韩国的名门之后，其祖父和父亲相继为韩相国，侍奉过五代君王。在公元前230年，韩首当其冲遭秦灭。从贵胄公子沦落为亡国之奴，20岁出头的姬良一度压不住他对秦王的怒火，冲动地想学荆轲去刺杀秦王。在公元前218年，他孤注一掷地发动了行刺，结果事情未成反而险些让自己丧命。侥幸逃脱后，姬良改姓张良，于躲避秦王的通缉中幸遇圯上老人。圯上老人刻意侮辱张良，让张良明白自己身上的使命是灭暴秦而非杀秦王。一个身负重大使命的人，看事物的眼光骤然开阔，心胸也不再狭窄。后来，张良以他坚毅的忍耐力、冷静的思考力，辅助刘邦灭秦诛楚，建立了一番伟大的功业。

德国哲学家康德说得好：生气是拿别人的错误来惩罚自己。睿智的话从来就不深奥，康德的话很好理解。一个人若生气，大抵是受了不公平的待遇，挨老板错骂，被恋人背叛……凡此种种，似乎皆不是你的错。那你为什么还要拿别人的错误来惩罚自己，让自己第二次受到伤害？如果一定要说你也有错的话，应该是你做得还不够优秀。再努力一点，做老板不可或缺的臂膀，他不光会减少错骂你的次数，甚至连正常的批评也许都会斟字酌句。再优秀一些，活出一个精彩的你，让背叛的人后悔去吧！

"生气"与"争气"虽然只是一字之差，态度却是大不相同：生气是做人上的失败，争气是做事上的成功。所以，碰上生气时抱怨少一点，担心少一点；平静多一点，稳重多一点。生活就是这样，你看得开便满眼鲜花；看不开就是满眼荆棘。

如何改掉坏脾气

一提到"脾气"，许多人都会认为是"脾"之"气"，是与生俱来无法改变的。因此，那些脾气不好的人，大抵是一贯如此，直至老死仍无任何改变。

从前，有个脾气极坏的男孩，到处树敌，人人见到他都唯恐避之不及。男孩也为自己的脾气而苦恼，但他就是控制不住自己。

一天，父亲给了他一包钉子，要求他每发一次脾气，都必须用铁锤在他家后院的栅栏上钉一个钉子。

第一天，小男孩一共在栅栏上钉了 37 个钉子。过了一段时间，由于学会了控制自己的愤怒，小男孩每天在栅栏上钉钉子的数目逐渐减少了。他发现控制自己的脾气比往栅栏上钉钉子更容易，小男孩变得不爱发脾气了。

他把自己的转变告诉了父亲。父亲建议说："如果你能坚持一整天不发脾气，就从栅栏上拔掉一个钉子。"经过一段时间，小男孩终于把栅栏上的所有钉子都拔掉了。

父亲拉着他的手来到栅栏边，对小男孩说："儿子，你做得很好。可是，现在你看一看，那些钉子在栅栏上留下了小孔，它们不会消失，栅栏再也不是原来的样子了。当你向别人发脾气之后，你的那些伤人的话就像这些钉子一样，会在别人的心中留下伤痕。你这样就好比用刀子刺向某人的身体，然后再拔出来。无论你说多少次对不起，那伤口都会永远存在。其实，口头对人造成的伤害与伤害人们的肉体没什么两样。"

还有一个故事也颇能说明我们的观点。

有位脾气暴躁的弟子向大师请教，"我的脾气一向不好，不知您有没有办法帮我改善?"

大师说："好，现在你就把'脾气'取出来给我看看，我检查一下就能帮你改掉。"

弟子说："我身上没有一个叫'脾气'的东西啊。"

大师说："那你就对我发发脾气吧。"

弟子说："不行啊! 现在我发不起来。"

"是啊!"大师微笑说，"你现在没办法生气，可见你暴躁的个性不是天生的，既然不是天生的，哪有改不掉的道理呢?"

如果你觉得情绪失控，怒火上升，试着延缓10秒钟或数到10，之后再以你一贯的方式爆发，因为，最初的10秒钟往往是最关键的，一旦过了，怒火常常可消弭一半以上。

下一次，试着延缓1分钟，之后，不断加长这个时间，1天、10天，甚至1个月才生一次气。一旦我们能延缓发怒，也就学会了控制。自我控制能力是一个人的内在本质。

记住，虽然把气发出来比闷在肚子里好，但根本没有气才是上上策。不把生气视为理所当然，内心就会有动机去消除它。其具体方法如下:

办法一: 降低标准法。经常发脾气可能和你对人对事要求过高过苛刻有关，也可能和你喜欢以自我为中心、心胸狭窄不善宽容有关。因此，通过认真反省，改变自己的思维方式和处事习惯，降低要求别人的尺度，学会理解和宽容忍让，是改掉坏脾气的根本途径。

办法二：体化转移法。怒气上来时，要克制自己不要对别人发作，同时通过使劲咬牙、握拳、击掌心等动作，使情绪转由动作宣泄出来。

办法三：逃离现场法。发火多由特定的情景引起，因此当怒气上来时，培养自己养成条件反射般立即离开现场的习惯，暂时回避一下，待冷静下来再处理事情。

办法四：精神胜利法。一说到精神胜利法，大家可能自然而然地想到阿Q，并不屑为之。但偶尔精神胜利一下也未尝不可。相传某禅师偕弟子外出化缘，途中遇一恶人左右刁难，百般辱骂，禅师不搭理，该人竟穷追数里不肯罢休。禅师面无愠色，和弟子谈笑自如。恶人无奈，只得退后罢休。事后，弟子不解，问禅师："师傅你遭此不公平为何不生气，不反击？"师傅答道："若你路遇野狗朝你狂吠，你会放下身段与之对吠吗？弄不好惹它咬了你，难道你也去咬它？"禅师面对挑衅与侮辱的态度难道不是一种大智吗？

自制，才能制人

有一次，小江和办公大楼的管理员发生了一场误会，这场误会导致了他们两人之间彼此憎恨，甚至演变成激烈的敌对态势。这位管理员为了显示他对小江的不满，在一次整栋大楼只剩小江一个人时，他就立即把整栋大楼的电闸关掉。这种情况发生了几次，小江决定进行反击。

一个周末的下午，机会来了。小江刚在桌前坐下，电灯灭了。小江跳了起来，奔到楼下锅炉房。管理员正若无其事地边吹口哨边铲煤添煤。小江恼羞成怒，以异常难听的话辱骂对方，而出人意料的是，管理员却站直身体，转过头来，脸上露出开朗的微笑，他以一种充满镇静与自制力的柔和声调说道："呀，你今天晚上有点儿激动吧？"

完全可以想象小江是一种什么感觉，面前的这个人是一位文盲，有这样那样的缺点，但他却在这场战斗中打败了小江这样一位高层管理人员。况且这场战斗的场合以及武器都是小江挑选的。

小江非常沮丧，他恨这位管理员恨得咬牙切齿，但是没用。回到办公室后，他好好反省了一下，觉得唯一的办法就是向那个人道歉。

小江又回到锅炉房，轮到那位管理员吃惊了："你有什么事？"

小江说："我来向你道歉，不管怎么说，我不该开口骂你。"

这话显然起了作用，那位管理员不好意思起来："不用向我道歉，刚才并没人听见你讲的话，况且我这么做，只是泄泄私愤，对你这个人我并无恶感。"

你听，他居然说出对小江并无恶感这样的话来。小江非常感动，两人就那么站着，居然还聊了一个多小时。

从那以后，两人成了好朋友。小江也从此下定决心，以后不管发生什么事，绝不再失去自制。因为一旦失去自制，另一个人——不管是一名目不识丁的管理员还是一名知识渊博的人——都能轻易将他打败。

这件事告诉我们：一个人必须先控制住自己，才能控制别人。

自制不仅仅是人的一种美德，在一个人成就事业的过程中，自制也可助其一臂之力。

有所得必有所失，这是定律。因此说，要想取得并非是唾手可得的成功，就必须付出努力，自制可以说是努力的同义语。

自制，就要克服欲望，人有七情六欲，此乃人之常情。古语有："食色美味，高屋亮堂，凡人即所想得，但得之有度，远景之事，不可操之过急，欲速则不达也，故必控制自己。否则，举自身全力，力竭精衰，事不能成，耗费枉然。又有些奢华之事，如着华衣，娱耳目，实乃人生之琐事，但又非凡人所能自克，沉溺其中而不能自拔，就不是力竭精衰的小事了，人必然会颓废不振，空耗一生。"

人最难战胜的是自己。换句话说，一个人成功的最大障碍不是来自外界，而是自身，除了力所不能及的事情做不好之外，自身能做的事不做或做不好，那就是自身的问题，是自制力的问题。

一个成功的人，他是在大家都做情理上不能做的事，他自制而不去做；大家都不做情理上应做的事，而他强制自己去做。做与不做，克制与强制，这就是取得成功的因素。

如何调节内心的烦躁

前两天跟一个朋友吃饭，在饭桌上，他说："我近来真是烦透了。那天一早开车出门，眼看着别人都是绿灯，就只有我是一路红灯，走到哪儿红灯就跟到哪儿，真是够倒霉的！"

他继续说："中午出去买自助餐，结果大排长龙，好不容易快轮到我了，这时居然有个人冒出来插队，公理何在？于是我站出来，狠狠修理了他一顿。"

他还没说完："晚上跟朋友吃饭，吃完后要拿停车券去盖免费章，结果服务员说我们消费少于五十元，因此不能盖章，气得我当场拍桌子大骂。"

他说了半天还没说完："晚上回到家，一进门太太就唠叨，小孩又哭又叫，连在家也不能清静。好不容易挨到睡觉时间，终于可以结束这令人难耐的一天，没想到一上床，床头柜的灯怎么也熄不灭，我这下可是受够了，把拖鞋一把抓起，往灯泡那儿重重甩去，这才结束了抓狂的一天。"

——听起来的确够惨！

不知道你是不是也觉得，最近比较烦、比较烦、比较烦呢，就像周华健那首歌所唱的一般。而且只要一早开始不太顺心的话，往往接下来一天就毁了。

　　为什么会如此呢？这是因为，负面情绪是有累加效果的。

　　也就是说，每多一个小挫折，就会让我们的抗压功力多打一个折扣。因为当我们遭遇不顺心，而心情跟着烦躁起来时，身体内与压力相关的激素也会随之异常分泌，因此会影响到接下来的挫折忍受度，就好像温度直线上升的热水，越烧越接近沸腾点。

　　这也就说明了为何一大早出了些状况后，原本可能要到"烦人指数"十分的事才会惹急我们，但这下只要再出现个"烦人指数"三分的状况，我们就会轰然一声，开始发飙，而无辜的旁人就倒霉啦！

　　正因情绪有如煮开水的累加效果，所以在生活中我们必须审慎处理每一个压力状况，以免"小不爽，则乱大谋"。

　　而改变这种状况的有效做法，则是在负面情绪一开始加热时，就能主动地意识到"有状况了"，然后告诉自己，得快快关火，以免越烧越旺，一发不可收拾。

　　事实上，当你能够觉察到出现这种状况时，就已经关掉一半的火力了，接下来情绪自然不易失控。

　　为了避免让烦躁的情绪像煮开水那样越煮越热，防患未然的工作就显得特别重要。

　　不妨准备一些调整情绪的口头禅，在自己情绪快要沸腾时，赶快把这些自制的情绪口诀拿出来提醒自己。跟你分享我自己的情绪口诀："心情最重要，别的死不了。"

　　"心情最重要，别的死不了。"如果今天碰到了有些怪怪的人，或发生了令人不快的事，就赶紧在心里暗念这句口诀，重复几次之后，烦躁不安的情绪就能得到缓解。此外，研究也发现，重复想着同一念头，会让意念集中，而减少焦虑不安。

控制情绪三原则

控制自己的情绪和行为，是一个人有教养和成熟的表现。可是在生活和工作中，常常会有这样的人，他们总是为一点小事而大动干戈、发脾气，闹得鸡犬不宁，既破坏了和谐的工作环境，也破坏了同志间的团结。心理学家认为，冲动是一种行为缺陷，它是指由外界刺激引起，突然爆发，缺乏理智而带有盲目性，对后果缺乏清醒认识的行为。

有关研究发现，冲动是靠激情推动的，带有强烈的情感色彩，其行为缺乏意识的能动调节作用，因而常表现为感情用事、鲁莽行事，既不对行为的目的做清醒的思考，也不对实施行为的可能性作实事求是的分析，更不对行为的不良后果做理性的评估和认识，而是一厢情愿、忘乎所以，其结果往往是追悔莫及，甚至铸成大错、遗憾终生。

增强自制力，可以使我们有更多的机会获得成功的体验，使自己更加理智，遇事更为冷静，从而进入良性循环，使自我得到健康积极的发展。

有了较强的自制力，可以使人具有良好的人格魅力，增强自己的亲和力，更容易得到别人的认同，拥有更多的朋友和知己，使自己的交际范围更为广泛，在与朋友的交往中学习别人的优点，吸取别人的教训，进一步完善自我。

自制力可以使我们激励自我，从而提高学习效率；也可以使自己战胜弱点和消极情绪，从而实现自己的理想。怎样培养和增强自己的自制力呢？从理论上讲可以从以下几个方面进行。

1. 认识自我，了解自我，深入自己的内心

人最大的敌人不是别人，而是自己。只有认识自我，在取得成绩时，才能保持平常的心态，不会因此而骄傲自满，丧失自我，对自己的能力进行过高的估计；只有认识自我，在遇到挫折和失败时，才不会被其击倒，一如既往地为着自己既定的目标而努力，不会对自己进行过低的评价。任何人都不可能一帆风顺地就成功了，也没有任何事情是不需要付出任何一点努力就能完成的。当我们遇到挫折时，当我们因为各种原因而后退时，我们就必须重新认识自我，只有在正确认识自我的基础上，我们才能重新找回自己的航行坐标，朝胜利方向前进。

我们随便找几个人问他了解不了解自己，得到的回答一般说来都是肯定的。很多时候，人们总是认为自己对自己最为了解，其实，你真的了解了自己吗？不，其实很多人根本不了解自己，根本不能正确地认识自己。

很多时候，我们总认为自己是对的，但当事情有了结果之后，我们才发现自己的错误，我们常常以为自己完全了解自己，其实我们是被自己蒙蔽了，或者说我们自己不愿意去正确地认识自己，我们情愿被自己的表象所麻痹。

怎样才算是认识自己了呢？认识自我，就是对自己的性

格、特点、长处、短处、理想、生存目的、价值观、兴趣、爱好、憎恶、心理状态、身体状态、生活规律、家庭背景、社会地位、交际圈、朋友圈、现在处于人生的高峰还是低谷、长期或短期目标是什么、最想做的事是什么、自己的苦恼是什么、自己能够做什么、自己不能做成什么等方面做出正确全面的综合评估。

2. 学会控制自己的思想，而不是任由思想支配

人的具体活动，都是由思想进行先导，每个行为都受着思想的控制，有的是无意的，有的是有意的。但是，思想是构建在肢体之上的，它必须起源于我们的身体。在思想控制活动之前，我们就一定要先主动积极地对其进行正确的引导，或者控制，修正其中的错误，发出正确的行动指令。这样，我们的行为才会减少冲动因素，使我们的情绪更为稳定，能更为理性地看待问题。

要想控制思想，让其受我们自身的驾驭，就要知道自己想做什么，能做什么，不能做什么。当明确了这些之后，我们在思想上就可以为自己的行为定下一个准则，利用这个准则来指导自己该做什么，不该做什么。

要想掌控自己的思想不是件容易的事情，在活动进行的过程中，我们原先为自己定下的准则会时不时地受到各种因素的影响，使得我们所坚持的准则开始动摇甚至坍塌，所以，在活动进行的过程中，我们要时常检讨自己的行为，思考自己的得失，减少冲动、激进的心理，这样才能重新夺回思想的控制权，使自己的行为更为理性。

3. 树立远大的目标

一个有远大目标的人，能不太理会身边的嘈杂而专注前行；一个想去麦加朝圣的行者，不会轻易在路途中听别人的话而改变路线，也不会轻易因别人的挑衅而拔刀相向。勾践因为有复国雪耻的目标，因此不会因为夫差的羞辱而冲动。

因为有了努力的方向，所以不会盲目行动；因为身负重任，所以心无旁骛前行。有了自己最想完成的目标，我们的思想和行为或多或少都会受其影响，在一定程度上可以矫正我们的思想和行为，对我们自制力的增强将会起到积极的作用。

第五章　接受你所不能改变的

有不虞之誉，有求全之毁。

　　　　　　　　　——（战国）孟子

　　应当耐心听取他人的意见，认真考虑指责你的人是否有理。如果他有理，你就修正自己的错误，如果他理亏，只当没听见。

　　　　　　　　　——（意大利）达·芬奇

让雨变成亮丽的彩虹

　　罗君上班时，遇上一场突如其来的雨，被雨淋湿了衣服。出门时明明是晴朗的天，怎么就下雨了呢?! 罗君进了办公室时，恨恨地诅咒"鬼天气"。

　　刚诅咒完天气，电话就响了。接起电话，是老客户张先生的声音。张先生向他咨询某些产品的问题。因为心情不好，罗君随便应付了几句就挂了电话。

　　几天之后，罗君得知他的老客户张先生在其他公司购买了一批产品。仔细回想，才发现是自己淋雨的那天怠慢了客户。罗君因此而心情沮丧，下班回到家里，因一点琐事把妻子斥责了一顿，弄得她哭哭啼啼地回娘家。不料，半路上妻子被车撞了，断了三根肋骨进了医院。

　　一场雨，使我遭受了这么大的损失! 都怪那个鬼天气! 不知道那个鬼天气还会给我带来什么糟糕事情! ——罗君风风火火地跑在去医院的路上，这样自言自语。

　　要我说，这些事情都与那场雨没有关系。罗君不改变这种思维模式，那场"雨后综合症"还会纠缠上他。

　　下雨就下雨，哪里的天空不下雨 - 天要下雨，人是没有多大办法的。只是，不要让雨淋湿了灵魂就行了。因为一件不称心的事，就傻傻地让它影响着情绪，再在这种负面情绪的支配之下，做出一系列的蠢事，进而使糟糕扩大，导致情绪更糟糕……如此循环，真是傻得可以!

给灵魂撑一把伞，去远行。这把伞，可以叫豁达、宽容、原谅、忘记。

这是风雨交加的一天，房屋在雷电的轰鸣声中颤抖着。晓娟坐在硬木地板的中央，周围散落着帐篷、睡袋、食品还有野餐用的炉子。看着屋外落满树叶的泥泞和大水洼，她想，不知道帐篷能否在水洼里浮起来。

再过几分钟，杨帆应该来找她，然后他们要出发去露营了，这是他们相恋到结婚以来一年一度的"保留节目"。最近几个星期他们难得见面，各自都忙于毕业论文和研究项目。除了作业，晓娟每周还要教两节课，杨帆则为他的导师全职工作。共度二人美好时光的唯一办法就是出城，远离电话、计算机和榨干他们所有时间的各种琐碎。这次旅行既是聚首的机会，也是纪念结婚一周年的庆典。

"什么运气呀！"晓娟大声说，"好容易计划好了，老天偏偏在我们露营旅行的时候下雨。我们遭到诅咒了！"

门开了，杨帆脚蹬湿透的旅行靴，身边湿淋淋的衣服，落汤鸡般出现在门口。他"扑通"一声倒在摊开的睡袋上，问道："谁被诅咒啦？当然不是我们———一对还在热恋中的新婚夫妇，即将开始世界上最浪漫的露营旅行！"

晓娟疑惑地摇摇头："你不会真的想在这样的天气里去露营吧？"

"毫无疑问！"

晓娟还没有来得及反应，杨帆已经忙起来。他先拔掉了电话线和电脑电源，拉下窗帘，又用罩沙发的橙色毛毯盖住电视机。接着他在起居室的地板中央支起帐篷，然后从厨房拿出烧烤架，架在帐篷旁边，并点燃蜡烛关了电灯。

"怎么样？"杨帆微笑着说，"你见过这么好的露营地吗？"他张开双壁把晓娟拥在怀中，两人审视着他们的"露营地"哈哈大笑，"从来没有。"

晚上他们在烧烤架上烤了热狗，在烛光下唱起了歌，然后钻进了睡袋里。当杨帆环住了晓娟的腰，晓娟说："杨帆，在我们计划如何过这个晚上的时候，我想象着我们会啜饮着香槟，看落日夕照。但是不知怎么，我觉得现在的方式更有意义。我们不需要浪漫的日落，也不需要迷人的香槟，或者其他美丽的景致，我们只需要彼此，永远地。只要我们在一起，什么难事都能解决。"

晓娟和杨帆刚刚庆祝了结婚一周年，他们的庆典一如他们的想象：一次浪漫的露营旅行——尽管就在他们自己的家里。

哪里的天空不下雨呢？下雨不要紧，要紧的是你的灵魂不要因为下雨而淋湿、感冒。杨帆和晓娟，因为一场雨而不得不打乱计划，一个浪漫温馨的结婚纪念眼看就要被雨淋湿而泡汤。但他们因为心灵里充满阳光，而令这场雨转化为一道亮丽的彩虹。

困境是人格的养料

《菜根谭》中说："横逆困穷，是锻炼豪杰的一副炉锤，能受其锻炼者则身心交益；不受锻炼者则身心交损。"这说明，人们驾驭生活的技巧和主宰生活的能力，是从现实生活中磨砺出来的。

和世间任何事件一样，困境也具有两重性。一方面它是障碍，要排除它必须花费更多的精力和时间；另一方面它又是一种养料，在解决它的过程中能使人得到锻炼和提高。我国古人对此早就有所认识，所以有"生于忧患，死于安乐"的说法。

《人人都能成功》的作者拿破仑·希尔很喜欢讲一个有关他祖父的故事。他的祖父过去是北卡罗来纳州的马车制造师傅。这位老人在清理耕种的土地时，总会在田地的中央留下几株橡树，他们不像森林中其他的树一样有良好的庇荫及养分。而他的祖父就用这些树制造马车的车轮。正因为这些田野中的橡树要在强风烈日下百般挣扎，才能对抗大自然狂风暴雨的考验，成长茁壮，所以它们才足以承受最沉重的负荷。

困境同样可以强化人们的意志。大多数的人们希望一生平坦顺利，然而，未经困境考验，往往会庸庸碌碌过一生。

美国犹他州的艾特·博格曾是一位体育健将，有着远大前程。但是，在他20岁那年的圣诞之夜，因为在去未婚妻家的路上遭遇一场车祸而全身瘫痪。医生告诉他，他不但不能再驾车了，余生得完全依靠他人喂食、穿衣和行走，而且最好也不要提结婚的事了。

他感到世界黑暗，既担心又害怕。但是，他的母亲给予了及时的鼓励和帮助，说："艾特，当困苦姗姗而来时，超越它会使生活更余味悠长。"母亲的话使那间黑暗恐怖的病房被希望和热诚的光芒所充满。

他不再只盯着没有知觉的四肢，而是开始考虑现在他可以做什么。

他首先学会了在新的条件下驾车，自理自己的生活，他又可以到想到的地方干想干的事了。在这个过程中，奇迹发生了：又能重新活动右臂了。遭车祸一年半后，他仍然和她美丽的未婚妻结了婚。之后的 1992 年，他的妻子黛丽丝当选犹他州小姐，又参评美国小姐获季军。他们还有了一双儿女，女儿瑞纳和儿子亚瑟。生活的欢乐也不断鼓舞着他向一个又一个人生课题挑战。他学会了独臂游泳、潜水，甚至成为第一个参加滑翔跳伞的四肢瘫痪者。

1994 年美国的《成功》杂志推举他为该年度最伟大的身残志坚者。回顾一切，他说："为什么我能有所成就，因为多年来，我一直铭记母亲的话语，而不是听信周围人等（包括医学专家）的丧气之辞。我深知我的境遇并不意味着可以轻易放弃梦想。我的心头再次燃起希望之火。……因为当困苦姗姗而来之时，超越它们会更余味悠长。"

李哲垂头丧气地走进一座庙里，向大师倾诉他一生不幸的遭遇："我经历无数的失败，早年求学时，没有一次考试能够顺利过关；踏入社会，经营许多生意，皆是以负债收场；然后四处求职碰壁，就算有一份工作，也是没能做多久，就被老板开除；现在，连自己的老婆也忍受不了我，要求跟我离婚……"

大师问："那么，你现在想怎么样呢？"

李哲万念俱灰地回答："我此刻只想一死了之。"

大师："你有没有小孩？"

李哲："有呀，那又怎么样？"

大师笑了笑："还记得你是怎么教你的小孩走路的吗？从他第一次双手离开地面，颤颤巍巍地站起身来，是不是所有家人都会为他喝彩，为他鼓掌？"李哲似有所悟："嗯……是的……"大师继续道："然后孩子很快又跌倒了，你是不是轻轻扶起他，告诉他'没关系，再试试看，你会走得很好的！'"

李哲的语气坚定了些："对，我会帮他。"

大师："孩子走走跌跌地，经过无数次的练习，还是走得不稳。你会不会失去耐心，告诉他，最后再给你三次机会，如果再学不会走路，以后终生都不准再给我走路了，干脆我买个电动椅给你。"

李哲："不会，我会再帮助他、鼓励他，因为我相信，孩子他一定能学会走路的！"

大师："那就对了，你才跌倒过几次，就想坐轮椅了？"

李哲抗议道："可是，小孩子有人协助他，提携他，而我……"

大师："真正能帮助你、鼓励你的人是谁，此刻你还不知道吗？"

李哲想了想，朝大师重重地点了点头，昂首阔步地走了。

大部分人都忽略了这一点，山谷的最低点正是山的起点，许多跌落山谷的人之所以走不出来，正因为他们花太多时间自艾自怜，而忘了留点精力走出去。

对于人生，可以确定的是，每个人都曾遇到过令人难以应付、甚至感觉无从下手的困境，有些人会利用人生的困境使自己成长，也有些人会在困境中潦倒一生。决定两者之间的差异是他们不同的看待人生的方式。

有一句意大利谚语："即使水果成熟前，味道也是苦的。"苦涩的感觉是人们成长与内心挣扎必然的一部分，我们可能常常这样自语："为什么是我呢？我已经够努力了，但命运总是与我作对，这太不公平了。"有谁没有过这种感觉呢？然而，如果你任由自己陷于怨恨与绝望，你就永远无法在人格上成熟起来，成长亦无从发生。痛苦的境遇就像是撒落在自我田野上的肥料一样，可以促进自我的成长。田野中的禾苗，就是因为施肥而能够更苗壮地生长。

我们的人性并非一开始就发展得很完全。相反的，它是经过日常生活的竞争和挑战之后才日臻完善的，就像一块铁在铁匠的炉火中经过千锤百炼才能成形。

困境如火，烧过的草原，倔犟的小草在来年春天会在灰烬中重生，并且因灰烬的滋养而更加茂盛。

问题会因时过而境迁

失恋了，有人会说："没有什么比现在更糟糕的了"；被炒鱿鱼了，有人会说："没有什么比现在更糟糕的了"；甚至于不慎丢失了一部手机，也会有人说："没有什么比现在更糟糕的了"。事实真的是这样吗？

你现在不妨仔细想想，从小至今从你的口里或心里说过了多少次"没有什么比现在更糟糕"？——儿童时失手打碎了邻居家的花瓶，少年时考试未及格，年轻时和初恋的爱人分手……这些类似的事情，在当时你的眼里也许都是一件件糟糕透顶的事。你为此焦虑、悲伤，甚至痛不欲生。时过境迁，你还会认为那些事情"糟糕透顶"吗？

5岁那年的一天，我到一间无人住的破庙里去玩。当我爬到高高的窗台掏鸟窝时，竟发现鸟窝中盘着一条吐着红信子的蛇。我吓得从窗台上掉了下来，将手臂摔断，还失去了左手的一根小指。

我当时吓呆了，以为这一辈子就这样完了。但是后来身体痊愈，也就再没为这事烦恼。现在，我几乎从没想到左手只有四根手指。

几年前，我在广州遇到一个开电梯的工人，他在事故中失去了左臂。我问他是否感到不便，他说："只有在缝针的时候才感觉到。"

别以为我们只有在年少时才会把"芝麻大"的事儿当成天大的事情。成年人也经常会自我夸大失败和失望，以为那些事都非常要紧，以至于每次都好像到了生死的关头。然而，许多年过去后，回头一看，我们自己也会忍不住笑自己，为什么当初竟把小事看得那么重要呢？时间是治疗挫折感的方式之一，只有学会积极地面对困境，才能避免长时间的漫长而痛苦的恢复过程，并且能使这个过程变成一段享受的时光。

在一个寺庙里，每天总会有几个前来向禅师诉苦的人。他们不是怨叹自己时运不济，就是抱怨某人怎么对不起他们。有位弟子便好奇地问禅师："为什么这些人会有那么多问题呢？"

"因为他们没什么大问题"。为了进一步释疑，禅师讲了一个故事——

有只狗坐在门廊前不断呻吟，经过的路人就问门廊里的人，这只狗是怎么回事，为什么会这样呢？

"因为它压在自己脚趾上了。"那人回答。

"哦，那么它为什么不站起来呢？"路人再问。

"因为它还不觉得太痛。"

禅师接着说："一个人会有那么多抱怨，是因为他还有时间抱怨；一个人为小事烦恼，是因为他没有更大的烦恼。试想，一个连饭都没得吃的人，会去为了上哪家餐厅而烦恼吗？"

"噢，"弟子心领神会地说，"原来如此，有那么多问题的人，竟是因为他们还没什么大问题。"

当我们遭遇难题的时候，我们常会将它过分扩大，并将所有的精力和焦点都放在这个障碍上。想想看，我们的境遇真的有这么糟吗？我们只有在不是最糟时，才会有时间去抱怨诉苦，不是吗？就算事情已经糟糕透顶，那表示情况只要努力去改变，就会变得更好，那又有什么好自艾自怜的呢？

做最好的准备和最坏的打算

据说，美国曾经有一则这样的征兵广告——

来当兵吧！当兵其实并不可怕。

入伍后会怎样呢？无非有两种可能：有战争或没战争。没战争有什么可怕的？

有战争又怎样呢？无非两种可能：上前线或不上前线。不上前线有什么可怕的？

上前线又怎样呢？无非两种可能：受伤或不受伤。不受伤有什么可怕的？

受伤后又怎样呢？无非两种可能：轻伤和重伤。轻伤有什么可怕的？

重伤后又怎样呢？无非两种可能：治好和治不好。能治好有什么可怕的？

治不好又怎样呢？你根本就用不着害怕，因为你已经死了。

这个征兵广告很有趣，在网上甚至被很多人当成笑话或幽默在转贴。如果你在笑过之后，用心思考一下这个故事，我们就会发现其中的乐观主义精神非常浓厚，其面对艰难的态度非常值得我们借鉴。

有位作家曾说了一个令人终生难忘的比喻："人生如同以前的西部武打片。在酒吧里，恶徒坐着饮酒，还有人在打架拼命，弹琴的人就在这混乱险恶的处境中照弹不误。你得学会这琴师的本事，不管酒吧里发生了什么事，你还是弹你的。"

就像电影泰坦尼克号上的乐师一样，即便是船快沉了，他们还是一副"事不关己"的样子，继续沉着地奏着悦耳动听的曲子。他们仿佛在问："那又怎么样？"

是啊！那又怎么样？

"如果没赶上这班车，今天铁定会迟到。"

"那又怎么样？"

"那老板的脸色就会很难看。"

"那又怎么样？"

"也许会找我麻烦，或在背后说我坏话。"

"那又怎么样？"

你可以这样一直问下去。让自己学会理性地看待问题，了解有时候事情并没有你想的那么糟。

有个住在海边的人，自从一场千年不遇的海啸袭来，夺走了同村的上百条人命后，他开始变得忧心忡忡、魂不守舍。

在很长的一段时间，他的朋友都为他担心，却不知如何劝他才好。

就这样，又过了一段时日，有一天，他的一位友人发现他已恢复正常且神采奕奕，便好奇地问道：

"是什么原因让你突然改变呢？"

他回答说："也没有什么，我只不过买了双倍的人寿保险。"

作最坏的打算，作最好的准备。接受那不能改变的，改变那不能接受的。

试想，当你已作了最坏的打算，也作了最好的准备；那么，剩下的还有什么好担心的呢？

与生命相比，烦恼微不足道

那年夏天，罗伯特·福尤姆在一家小客栈找到一份在柜台值夜班和给马厩添饲料的工作。每晚当班时，他总听见即将回家的老板不客气地告诫"不可马虎，我会天天查的!"

22 岁的罗伯特刚从大学毕业，血气方刚，对这位从无笑容的老板大为不满。

一星期过去了，雇员们每天一顿的午餐一成不变：两片牛肉熏肠，一点泡菜和粗糙的面包卷。罗伯特越吃越没味。午餐的钱竟然还要从他们的工资中扣除的。

"简直是法西斯分子!"罗伯特变得难以忍受了，他感到自己确实被激怒了。没有发泄的对象，他只能向来接他夜班的西格蒙德·沃尔曼发牢骚。罗伯特宣称："总有一天，我要端一盘牛肉熏肠和泡菜去找老板，把这些东西一股脑儿朝他脸上扔去。""这地方真见鬼，我恨不得马上卷铺盖离开这里!"

罗伯特越讲火气越大，滔滔不绝地嚷嚷了近 20 分钟，中间还夹杂着拍桌子和下流的骂骂咧咧。此刻，他忽然注意到西格蒙德一直不动声色地坐在那儿，用他那悲伤、忧郁的眼神看着自己。

罗伯特想：西格蒙德当然有充分的理由悲伤、忧郁，因为他是犹太人，奥斯威辛集中营中的幸存者，瘦弱，不停地咳嗽整整伴随了他 3 年。他似乎特别喜欢夜晚的工作，这样他感到安静，有足够的时间和空间回忆可怕的过去。对他来说，最大的享受莫过于没有人再强迫他该干什么。在奥斯威辛，他就梦想着这个时光。

西格蒙德终于说话了："听着，福尤姆，听我说，你知道自己错在哪里吗？不是熏肠，不是泡菜，不是老板，不是厨师，也不是这份工作。"

"我有什么不对？"

"福尤姆，你认为自己什么都懂，但却连小小的挫折与真正的困难都分不清。假如你摔断了脖子，假如你整日填不饱肚子，假如你家的房子着火了，那才是遇到了难以对付的困难哩。任何事情都不可能尽如人意，生活本身就充满着矛盾，它像大海波涛一样起伏不平。学会区分什么是小小的挫折，什么是大的困难，不为小事而发火，你就会事事如意，祝你晚安。"

罗伯特意识到，在自己的一生中，很少有人这样看透自己。仿佛是在漫长的黑夜中，西格蒙德朝自己踢了一脚，在他混沌脑子里打开一扇窗户。

还有一则故事，说的是残酷的二战中的一个片段。二战期间，罗勃·摩尔在一艘美国潜艇上担任瞭望员。一天清晨，潜艇在印度洋水下潜行时，他通过潜望镜看到一支由一艘驱逐舰、一艘运油船和一艘猎潜艇组成的日本舰队正向自己逼近。面对这种情况，潜艇只好紧急下潜，以便躲开猎潜艇的深水炸弹。

随后三分钟内，六颗深水炸弹几乎同时在潜艇四周炸开，潜艇被逼到了水下 83 米的深处。摩尔知道，只要有一颗炸弹在潜艇 5 米范围内爆炸，就会把潜艇炸出个大洞来。

潜艇以不变应万变，关掉了所有的电力和动力系统，全体官兵静静地躺在各自的岗位上。当时，摩尔害怕极了，连呼吸都觉得困难。他不断地问自己，难道这就是我的死期？尽管潜艇里的冷气和电扇都关掉了，温度高达 36℃ 以上，摩尔仍然冷汗涔涔，牙齿照样碰得格格响。

日军猎潜艇连续轰炸了 15 个小时，摩尔却觉得比 15 万年还漫长。寂静中，过去生活中无论是不幸运的倒霉事还是荒谬的烦恼，一一在眼前重现：他曾经为工作又累又乏而烦恼；抱怨报酬太少，升迁无望；烦恼买不起房子、新车和高档服装；晚上下班回家，因为一些琐事与妻子争吵。这些在过去对摩尔来说似乎都是天大的事，而今在置身这坟墓般的潜艇中，面临死亡的威胁时，却都显得那么的荒谬。他对自己发誓：只要能活着看到日月星辰，从此不再烦恼。

日舰扔完所有炸弹后终于开走了，摩尔和他的潜艇重新浮上了水面。战后，摩尔回国重新参加工作，从此他更加热爱生命，懂得如何去幸福地生活。他说："在那可怕的 15 个小时里，我深深体会到，对于生命来说，世界上任何烦恼和忧愁都是那么的微不足道。"

人生，必须经过沉淀与试练，才能散发出智慧的芬芳；生命，往往只有经过即将失去的震撼，我们才会对其敬畏，才会觉得生活中的那些所谓烦恼其实都不值一提。

可是，我们不能只是在面对死亡的威胁时才懂得敬畏生命，当我们面对每一个平凡的日子时，也应怀着一颗敬畏之心，用心去感觉、去感受、去爱，让自己的心灵投入其中，尽情地品尝生命的甘露和幸福。

生活中总有这样的一幕：当人们看着厚厚的日历一天天地撕去，到快要撕完的时候，不免要感叹地说："唉，一年又要过去了！"可是若把一张张撕掉的日历订在一起，那就是人们一天天过去的日子，那可是人们生命的象征。

人如果没有这种对生命的敬畏，恐怕就这样一天天轻易地过去了，或者，在自己的一生中并没有任何的目的，蹉跎岁月，玩世不恭，随便地浪费生命。这都是对生命缺乏一种敬畏感所致。

悲观者总爱放大问题

你是不是也认识这样的人——看事情总是抱着负面的想法，喜欢挑人毛病，注意错处，吹毛求疵，成天抱怨除了自己以外的任何事。

这类的人，贯于从别人的言行举止中看出"弦外之音"，凡事总是往最坏的一面去解释，并拿着"放大镜"把问题过度放大，因而把自己和周遭的人都搞得"鸡犬不宁"，自己辛苦，别人也辛苦。

阿美老爱看事物的"黑暗面"。自从嫁到丈夫家后，她更是变本加厉——进了门有人忘了招呼她，她就认为是"瞧不起她"；有人聊了些她不爱听的话，就说成是"敌视她"；当全家聚在一起有说有笑，她说大家都"冷落她"；吃完了饭，要清洗碗盘，她又说"凭什么把事情都丢给我？"

丈夫当然很无奈，原本希望向她好好解释，哪知话才说一半，她又抱怨了："谁不知道，你就只会护着你的家人。"所以，一直以来她与婆家总是不合。

为了知道丈夫的心是不是"向着她"，有天阿美心血来潮，不断缠着丈夫问："你爱不爱我？"

丈夫或许碍于羞涩，或许无心回答，一直默不作声。

阿美问得兴起，尽管丈夫不作答，仍是腻声直问："你爱不爱我嘛？到底爱不爱我……"

丈夫仍不作答。到了后来，阿美竟假戏真作，哭了起来："你不回答，我就知道你不爱我了。"

丈夫也急了，忙道："我怎么会不爱你呢？我若是不爱你，又怎么会娶你当老婆？"

哪知，听了这番真情告白，阿美反而哭得更伤心："你看，我就知道你不爱我了，你的两句话当中，句句都有'不爱你'三个字……"

悲观的人，总是绞尽脑汁要为自己找到痛苦的理由。当你越在找，你就一定会找到，而且会找到比原先想要找的还更多。

曾在网上看到过一则笑话——

某天早上张三还在睡觉，却突然被吵醒，睁眼一看，原来老婆正气呼呼对他叫骂着："你真的好过分，昨晚我梦到你和一个女人眉来眼去，你还牵着人家的手。"

一脸错愕的张三，白了太太一眼："神经病，那只不过是个梦嘛！"

"什么只是个梦！"太太更加气愤："你在我的梦里都敢这样了，在你的梦里那还得了！"

就像阿美与笑话中的太太一样，如果我们想找碴儿，只会越找越多。何况这世界上谁没有瑕疵呢？

"一只满身是泥的狗，总会甩得别人一身泥"，这就是问题所在。

为什么要找出瑕疵呢？原因很简单，我们只要不断证明别人是坏人、是罪人，是别人欺负你、对不起你，每一个人都是错的，那么相较之下，你显然就成了对的、好的，是受委屈的一方。如此一来，你就不需要去改变自己，既然你是"对的"，又何必改变呢？所以许多人才乐此不疲，一再把注意的焦点放在别人的错失上。

悲观者就是，当机会来敲门也会认为有人在扔石头砸自家的门，而看见花就会想到花圈并想到葬礼的人。

最坏不过是从头再来

在大山深处的一个村寨里，住着一位以砍柴为生的樵夫。樵夫的房子很破败，为了拥有一所亮堂的房子，樵夫每天早起晚归。五年之后，他终于盖了一所比较满意的房子。

有一天，这个樵夫从集市上卖柴回家，发现自己的房子火光冲天。他的房子失火了，左邻右舍正在帮忙救火。但火借风势，越烧越旺，最后，大家终于无能为力，放弃了救火。

大火终于将樵夫的新房子化为灰烬。在袅袅的余烟中，樵夫手里拿了一根棍子，在废墟中仔细翻寻。围观的邻居以为他在找什么值钱物件，好奇地在一旁注视着他的举动。过了半晌，樵夫终于兴奋地叫着："找到了！找到了！"

邻人纷纷向前一探究竟，只见樵夫手里捧着的是一把没有木把的斧头。樵夫大声地说："只要有这柄斧头，我就可以再建一个家。"

当一切已经化为灰烬，只要你的梦想还在，激情还在，斗志还在，又有什么值得过度悲伤与气馁的呢？与其终日痛哭悔恨，不如放眼未来，从头再来。我们每个人都不会真正地输得精光。在无情的大火吞噬了我们的一切时，别忘了我们还有一把斧头。再退一步说，即使没有斧头，我们不是还有自己吗？

只要人在，我们可以从头再来！曾国藩率领湘军出征初期，屡战屡败，在岳州（湖南岳阳）一役，水师几乎被太平军全歼。但他偏不信邪、不服输、不气馁，虽屡战屡败，仍屡败屡战。后来的结果，相信我们大家都知道，曾国藩取得了胜利。在42岁那年，曾国藩被封为万户侯，可谓达到人生的巅峰。

在年轻人今后的道路上，失败、挫折是一定会存在的。当你被击倒在地时，请告诉自己：成功的人不是没有击倒过，只不过是他们站起的次数比倒下的次数多一次。

心若在，梦就在，天地之间还有真爱；

看成败，人生豪迈，只不过是从头再来！

第六章　返璞归真，保持平常心

遇方便时行方便，得饶人处且饶人。

——（明代）吴承恩

不会宽容别人的人，是不配受到别人宽容的。

——（俄罗斯）屠格涅夫

给生活做减法

你是否经常有"很累"的感觉？你是否想过究竟是什么让我们如此劳累与疲惫？

如果仅仅只是劳累与疲惫还不算最糟糕，最糟糕的是：我们甚至还对今后的日子产生恐惧甚至绝望，觉得只有永远像一个战士般冲杀，才不会落在人后。社会达尔文主义是现代人信奉的原则，此时却被无限放大到生活中。欲望的都市里到处都充斥着痛苦的灵魂，在许多昏暗的酒吧里唱着空虚寂寞，喝得要死要活；有人在放纵，有人在毁灭。生活越来越繁复，而心情越来越烦闷；人与人走得越来越近，而心灵却隔得越来越远；楼越来越高，人情味越来越薄；娱乐越来越多，快乐却越来越少……

在生活变得越来越复杂，超出你的想象和理解的时候，你是否怀念过从前不名一文但依然快乐的时光？没有电视机也没有其他的便利，穿的衣服也好，家具也好，都是家人按照最古老最朴素的方式制造，让人好安心。在一个偏远、宁静的小村庄，那里的人对于一朵鲜花的赞赏，比一件名贵的珠宝要多。一次夕阳下的散步，比参加一场盛大的晚宴更有价值。他们宁可在一棵歪脖子老树下打牌下棋，也不愿去参加一场奖金丰厚的棋牌竞技。他们重视的是简单生活中的快乐，不会远离阳光、新鲜空气与笑声……感谢简单，他们因此而拥有幸福与快乐。

那些简单生活的日子似乎一去不返了，但真的就没有其他可能了吗？

近年来，在西方发达国家兴起一种叫"简单生活圈"的活动。这种在草根人士中盛行的活动，强调的是如何简化自己的生活，提倡完全抛弃物欲。但是在我们的欲望之上，我们会自我设限，而且这种设限并非来自外力，而是自己心甘情愿——你了解到其中的深意，并能真正地享受你现在所拥有的一切。简单生活，使自己有更多空闲的时间、金钱与能量，你可以有更多机会与自己及家人相处。

许多人都会因自己跟不上邻居的生活水平，平日忙忙碌碌于单调乏味的工作，最后变得心情沮丧，而且持续着这样的恶性循环，最后生活中只有压力、疯狂的消费与被浪费的时间而已。大多数人都会陷入这种无止境的需求、渴望与物欲当中。似乎许多人都相信多就是好——更多的东西、更多的事情、更多的经验等等。但是生命的真相真的仅止于此吗？

在某些时候，我们会忙到没有时间享受生活，似乎一分一秒都在计算之中，都被排在计划之中。我们经常由一个活动赶到下一个活动，对手边正在做的事毫无兴趣，反而对"下一场"是什么充满期待。

除此之外，大多数人都会想要更大的房子、更好的车子、更多的衣服与更多的东西。无论我们已经拥有多少，总是感觉永远不够。我们对物欲的需求已然是个无底洞。

简单生活圈这个有趣的概念，并不去刻意强调限制富人的财富，而是在鼓励大多数人认清生活真相。有一些收入微薄的人，他们也主张简单生活圈的概念，同时认为自己所得已足够自己所需。这同样是想得开，放得下，绝对令人佩服。

有时候简化生活代表着你会选择住一间便宜的小公寓，而不是拼命挣扎着要买一间大房子。这样的决定让你的生活轻松自在，因为你有能力负担便宜的租金。另外一种简化的例子是吃得简单、穿得简单、生活得简单，而且互相交换旧衣物。总之，所有的重点都在让生活更自在、更简单。

几年前，希明将在豪华商务区的办公室搬到了另一个地方，这个简化的策略带来许多好处。首先，这间办公室比原先那间要便宜很多，减少了一些财务上的压力。另外，新办公室离家很近，他不需要花时间长途跋涉才能到办公室，以前需要60分钟的车程，现在只要步行5分钟就行了。希明一年几乎要工作50周，现在这个简化的策略，使他无形中一年省下了200多个小时。当然，以前的办公室看起来气派一些，但是真的值得他那样的付出吗？回头看看，还真不值得呢！他说："再给我一次机会，我还是会做同样的决定，毕竟我的客户都开车，而那里停车位很紧张。"

简单生活圈不是单一的决定，也不是自甘贫贱。你可以开一部昂贵的车子，但仍然可以使生活简化。你可以享受、拥有、渴望好东西，但仍然能过着一种简单的生活方式。关键是诚实地面对自己，看看生命中对自己真正重要的是什么？如果你想要的是多一点时间、多一点能量、多一点心灵的平静，建议你多花一点时间来想一想如何简单生活圈的概念。

当人在物质上的要求减少时，精神上的收获会增加。爱默生曾说："快乐本身并非依财富而来，而是在于情绪的表现。"当我们腾出心灵的空间，从各个角度去体验人生，当我们开始了解到自以为必需的东西其实很多是可以不要的时候，就可以发现：我们现在拥有的东西已足够让人快乐了。

坦然面对失去

一天，伊利莎白·康妮接到国防部的电报，说她的侄儿——她最爱的一个人——在战场上失踪了。

康妮一下子心跳不止，寝食难安。过了不久，又接到了阵亡通知书。此时，她的心情无比悲伤。

在那件事发生以前，康妮一直觉得命运对自己很好。她说："伟大的上帝赐给我一份喜欢的工作，又让我顺利地抚养大了相依为命的侄儿。在我看来，我侄儿代表着年轻人美好的一切。我觉得我以前的努力，现在都应该有很好的收获……"

然而，一封电报，将她的整个世界都粉碎了。她觉得再也没有什么值得自己活下去的意义了，她找不到继续生存下去的借口。她开始忽视她的工作，忽视她的朋友，她抛开了生活的一切，对这个世界既冷淡又怨恨。

"为什么我最爱的侄儿会死？为什么这么好的孩子——还没有开始他的生活就离开了这个世界？为什么他应该死在战场上！"她觉得自己没有办法接受这个事实。她悲伤过度，决定放弃工作，离开家乡，把自己藏在眼泪和悔恨之中。就在她清理桌子准备辞职的时候，突然看到一封她已经忘了的信——一封她的侄儿生前寄来的信，当时，他的母亲刚刚去世。侄儿在信上说："当然，我们都会想念她的，尤其是你。不过我知道你会平静度过的，以你个人对人生的看法，就能让你坚强起来。我永远不会忘记那些你教给我的美丽的真理。不论我在哪里生活，不论我们分离得多么遥远，我永远都会记得你的教导，你教我要微笑面对生活，要像一个男子汉，要承受一切发生的事情。"

康妮把那封信读了一遍又一遍，觉得侄儿就在自己的身边，正在向自己说话。他好像在对自己说："你为什么不照你教给我的办法去做呢？坚持下去，不论发生什么事情，把你个人的悲伤藏在微笑的下面，继续生活下去。"侄儿的信给康妮以莫大的鼓舞，她觉得人生又充满着期望，她又回去工作了。她不再对人冷淡无礼。她一再对自己说："事情到了这个地步，我没有能力改变它，不过我能够像他所希望的那样继续活下去。"

康妮把所有的思想和精力都用在工作上，她写信给前方的士兵——给别人的儿子们；晚上，她参加成人教育班——努力找出新的兴趣，结交新的朋友。她几乎不敢相信发生在自己身上的种种变化。她说："我不再为已经过去的那些事悲伤，现在我每天的生活都充满了快乐——就像我的侄儿要我做到的那样。"

伊利莎白·康妮学到了我们所有人迟早都要学到的东西，这就是我们必须深知失之坦然的道理。很显然，环境本身并不能使我们快乐或是不快乐，我们对周围环境的反应才能决定我们的感觉。

我们不能阻止乌儿从头顶上飞过，但我们能够阻止鸟儿在头发里做窝。

多一份欢喜，多一份坦然

当坎坷和挫折接踵而来，一次次落在你的肩头时，你是否觉得自己是这个世界最不幸的人？当你的生活屡遭磨难，你是否觉得忧愁总多于欢喜？其实，欢喜只是一份心情，一种感受，就看你如何去寻找。

当外界种种困厄侵袭你薄薄的心襟，当你悲天悯人时，为什么不自己给自己制造一份欢喜？你可以看看云，望望山，散散步，写几首小诗，听一支激昂的歌，把忧伤留给过去，假如从这里所得到的快乐远不能使你摆脱生活的沉重，不妨在心里默默祈祷，并坚信你就是这个世界上最快乐的人。天长日久，一旦在心中形成了一个磁场，并逐渐强化它，尽心尽力做好每件事，让自己从平凡的生活中得到丝丝欢喜，你真的就是这个世界上最快乐的人。

实际上，那些唱着歌昂首阔步地走路，那些怀着许多渴望尝试生活的人，又有几个不负着沉重的压力？只不过他们将自己的泪和悲伤掩藏起来，将欢喜的一面展现给别人，让人觉得他们生活无忧无虑，是世界上最快乐的人，而自己便也从这种快乐中真正获得了一份心灵的轻松。

　　每次在街上游逛，途经一条条长长的街，那些卖瓜果、冷饮、蔬菜的小贩，有的依然大声地吆喝着；有的就靠在小树旁独自小憩；有的捧着一本书有滋有味地读着，全然没有忧郁和叹息。他们一定生活得比我们艰难和沉重。如果遇到刮风下雨，雪花飞扬，或许他们没有一文的收入，如果有什么意外，他们必须独自去承担。但是，即使住在低矮的、高价租来的房屋中，依然有喷香的佳肴经他们手变换出来，依然有快乐的歌声在小屋中飘荡——那就是对生活无言的抗争啊！即便就是这样，苦中作乐、朝不保夕的生活，也给了他们一些别人所没有的东西，那就是劳作的欢欣。

　　自以为欢喜，并自欺欺人，只是对平淡、无聊，甚至不如意的生活的一种积极抗争。一个人如果一味地沉湎于忧愁的心境，总觉得自己比别人差，处处不顺心，怨天尤人，怎么能够让生活五彩缤纷，获得生活的乐趣呢？尽管外界可以剥夺许多诱惑你的东西，身处逆境不免心绪沉闷。但是，如果你能积极创造生活，体悟生活中的欢喜，还有什么能阻拦你前进的步伐？

　　客居异乡，每每觉得无聊苦闷时，就常常独自一人上街去看那些平凡的人世。忙忙碌碌的人群，新奇鲜艳的商品，绿树如荫的小道，嬉戏玩闹的孩童，随处可见的小贩。渐渐了悟，每个生活在世上的人其实都不容易，但是也没有一个人止步不前——因为生活的欢喜是要自己去寻找的。

　　欢喜是一朵花，无论多么贫贱，只要你认为她是美丽的就能闻到那沁人心脾的幽香；欢喜是渐渐清晰的高山，将一份清爽和静谧给你；欢喜是你曾失去的许多，被你用努力和真情换回。对一个有着丰富内涵，有着不懈追求的人来说，欢喜是永恒的，和他的心一样多姿多彩且充满芬芳，生活中多一份欢喜，就多一份坦然。

定期给心灵做清洁

人生俭省几分，便超脱几分。在人生的路上，莫让自己的心灵成为"垃圾填埋场"。

家乡有年前大扫除的风俗，在将平时的物件逐一清理时，我们常常惊讶自己在过去短短几年内，竟然积累了那么多的东西?

人心又何尝不是如此! 在人的心中，每个人不都是在不断地累积东西? 这些东西包括你的名誉、地位、财富、亲情、人际、健康、知识等等。另外，当然也包括了烦恼、郁闷、挫折、沮丧、压力等等。这些东西，有的早该丢弃而未丢弃，有的则是早该储存而未储存。

不妨问自己一个问题：我是不是每天都在忙忙碌碌，把自己弄得疲惫不堪，以至于总是没能好好静下来，替自己的心灵做一次清扫?

对那些会拖累自己的东西，必须立刻放弃——这是心灵大扫除的意义，就好像是做生意的人"盘点库存"。你总要了解仓库里还有什么，某些货物如果不能限期销售出去，最后很可能会因积压过多拖垮你的生意。

很多人都喜欢房子清扫过后焕然一新的感觉。你在擦拭掉门窗上的尘埃与地面上的污垢，让一切整理井然之后，整个人就好像突然得到一种释放。这是一种"成就感"，虽然它很小，但能给人带来愉悦。

在人生诸多关口上，人们几乎随时随地都得做"清扫"。念书、出国、就业、结婚、离婚、生子、换工作、退休……每一次的转折，都迫使我们不得不"丢掉旧的自己，接纳新的自己"，把自己重新"打扫一遍"。

不过，有时候某些因素也会阻碍人们放手进行"扫除"。譬如，太忙、太累；或者担心扫完之后，必须面对一个未知的开始，而自己又不能确定哪些是想要的。万一现在丢掉的，将来需要时捡不回又该怎么办？

的确，心灵清扫原本就是一种挣扎与奋斗的过程。不过，你可以告诉自己：每一次的清扫，并不表示这就是最后一次。而且，没有人规定你必须一次全部扫干净。你可以每次扫一点，但你至少必须立刻丢弃那些会拖累你的东西。

我们的心灵毕竟无法做到"菩提本无树，明镜亦非台"的佛家最高境界，但我们可以做到"时时勤拂拭，毋使染尘埃"！

顺其自然，荣辱不惊

如今，"工作真累"和"何日才能成功"之类的说法当今社会广泛流行，这一现象引起了许多社会学家与心理学家的疑惑：为什么社会在不断进步，而人对工作压力的感觉却越来越重，精神越发空虚，思想异常浮躁？

科技的迅速进步，使我们尝到了物质文明的甜头：先进的交通工具、通讯工具、娱乐工具……然而物质文明的一个缺点就是造成人与自然的日益分离。人类以牺牲自然为代价，其结果便是陷于世俗的泥淖而无法自拔，追逐于外在的礼法与物欲而不知什么是真正的美。金钱的诱惑、权力的纷争、宦海的沉浮让人殚心竭虑。是非、成败、得失让人或喜、或悲、或惊、或诧、或忧、或惧，一旦所欲难以实现，一旦所想难以成功，一旦希望落空成了幻影，就会失落、失意乃至失志。而那些实现了梦想的呢，又很难真正满足，他们如同一只没有脚的小鸟永远只能飞翔，在劳累中飞向生命的终点。

失落是一种心理失衡，失意是一种心理倾斜，失志则是一种心理失败。而劳累表面上是体力的疲惫，实则是发自内心的衰竭。身心俱疲却找不到一个可以停靠的港湾，是一件多么无奈与绝望的事情！

出家人讲究四大皆空，超凡脱俗，自然不必计较人生宠辱。而生活在滚滚红尘之中的你我，谁也逃离不开宠辱。在荣辱问题上，若能做到顺其自然，那才叫洒脱。一个人，凭着自己的努力实干，凭自己的聪明才智获得了应得的荣誉或爱戴时，更应该保持清醒的头脑，切莫受宠若惊，飘飘然，自觉霞光万道，"给点光亮就觉灿烂"。一个人的荣辱感在很大程度上是来自于别人对自己的一种评价，而生命不应该是活给别人看的。生命可以是一朵花，静静地开，又悄悄地落，有阳光和水分就按照自己的方式生长。生命可以是一朵飘逸的云，或卷或舒，在风雨中变幻着自己的姿态。

老子的《道德经》中说："宠辱若惊，贵大患若身。何谓宠辱若惊？宠为下，得之若惊，失之若惊，是谓宠辱若惊。何谓贵大患若身？吾所以有大患者，为吾有身，及吾无身，吾有何患？"大意是："对于荣辱都感到心情激动，重视大的忧患就像重视自身一样。为什么说受到荣辱都让人内心感到不安呢？因为被尊崇的人处在低下的地位，得到尊崇便感到激动，失去尊崇也感到惊恐，这就叫做宠辱若惊。什么叫做重视大的忧患就像重视自身一样？我之所以有大的忧患，是因为我有这个身体；等到我没有这个身体时，我哪里还有什么忧患！"

在晚明陈继儒的《小窗幽记》里有一句这样的话：宠辱不惊，闲看庭前花开花落；去留无意，漫观天上云卷云舒。一个人要是能够做到"宠辱不惊，去留无意"的境界，那么就没有什么事物能绊住他的脚、拴住他的心。而唐朝的女皇武则天，死后立了一块无字碑。武则天的无字碑中，透露出一种大智大慧、大觉大悟的睿智。她以女流之辈坐南朝北，一手杀亲子、诛功臣，一手不拘一格用人才、尽心尽力治国家。荣辱相伴相生，莫一而衷。既然如此，何必学他人为自己立下洋洋洒洒的功德碑？不如全部放下，千秋功过，留待后人评说。一字不着，尽得风流。

天空没有翅膀的痕迹，而我已经飞过！

第七章　低调做人，谦逊处世

宽宏精神是一切事物中最伟大的。

——（美国）欧文

人心不是靠武力征服，而是靠爱和宽容征服。

——（俄罗斯）斯宾诺莎

谦逊是快乐的源泉

在我们身边，为什么总有的人活得那么累？有的人却活得那么轻松呢？活得累的人，不一定都是穷人，也不一定就是恶人；活得轻松的人，不一定都是富人，也不一定就是好人。但是，为什么有的人就那么让人喜欢，而有的人就那么让人厌恶呢？

这其中，有一个如何做人的问题。人要想活得不累，活得自如，活得让人喜欢，最简单不过的办法，就是要学会谦卑处世、低调做人。谦卑处世和低调做人，不仅可以保护自己、融入人群，与人们和谐相处，也可以让人暗蓄力量、悄然潜行。

可以说，人际关系是人能立世的根基。根基既固，才有枝繁叶茂，硕果累累；倘若根基浅薄，便难免枝衰叶弱，不禁风雨。而谦卑和低调的人就是在社会上加固立世根基的绝好姿态。一个人应该和周围的环境相适应，适者生存。曲高者，和必寡；木秀于林，风必摧之；人浮于众，众必毁之。低调做人才能保持一颗平凡的心，才不至于被外界左右，才能够冷静，才能够务实。

谦卑和低调的人，在卑微时安贫乐道、豁达大度，在显赫时持盈若亏、不骄不狂。他们凡事想得通、看得开、放得下。

做人谦逊，自然能够包容。首先，一个谦逊的人不会把自己看得那么重要，一些在别人眼里莫大的"伤害"与"耻辱"，在他们眼里或许不值一提。他们把自己的分量掂量得很清楚，因此有什么别人放不下的东西他们却容易放得下。

此外，谦逊的人恪守的是一种平衡关系，也就是让周围的人在对自己的认同上达到一种心理上的平衡，并且从不让别人感到卑下和失落。古人有"满招损，谦受益"的箴言，忠告世人要虚怀若谷，对人对事的态度不要骄狂，否则就会使自己处在四面楚歌之中，被世人讥笑和瞧不起。总之，谦逊的人轻易不会受到别人的排斥，反而容易得到社会和群体的吸纳和喜欢。

托马斯·杰斐逊（1743～1826 年）是美国第 3 任总统。1785 年他刚担任驻法大使，一天，他去法国外长的公寓拜访。

"您代替了富兰克林先生？"外长问。

"是接替他，没有人能够代替得了他。"杰斐逊回答说。

杰斐逊的谦逊给世人留下了深刻印象。谦逊的目的，并不在于使我们觉得自己渺小，而是以我们的权力来了解自己以及对于社会的贡献。除了杰斐逊，爱因斯坦和甘地等伟人，都是谦逊为怀的代表者。当然，他们并不自卑，他们对自己的知识和服务人群的目标，以及使世界更趋美好的愿望充满了自信心。

谦逊绝非自我否定，而是自我肯定，是实现我们为人的正直与尊严。谦逊也是成功与失败的融合，我们对于过去的失败有所警惕，对于现在的成功有所感慨，但不能让成败支配自己。谦逊还具有平衡作用，不让我们随便超越自己的能力，也不会让我们使自己总处于劣势；它更不是让我们高人一等或屈居人下。谦逊即是宁静，使我们不致受往日失败的拖累，也不致因今日的成功而自大。谦逊是一种情绪的调节器，使我们保持自我本色，青春常驻。

谦逊至少具有下列 8 种"成分"。

（1）诚恳：诚以待己，诚以待人。

（2）了解：了解自己所需，了解他人所需。

（3）知识：习知自我的本色，不必模仿他人。

（4）能力：扩张聆听与学习的能力。

（5）正直：建立自我的内在价值感，并忠于这份感觉。

（6）满足：了解和建立心灵的平和，不需小题大做。

（7）渴望：寻求新境界、新目标，并且付诸实行。

（8）成熟：成熟是彩虹尽端的黄金，因成熟而了解谦逊，因谦逊而获得成功。

谦逊并不表示卑贱，它是快乐的源泉。或许，英国小说家詹姆斯·巴利的话更为中肯："生活，即是不断地学习谦逊。"

摆脱面子的牢笼

面子如同一个沉重的包袱，压迫了我们数千年。在这个包袱的压迫下，我们一张嘴，就往往蹦出诸如"人活一张脸，树活一张皮"之类的箴言。为了面子，我们当中不少人死撑着、硬顶着，也不肯"丢脸"。有的人，甚至为了所谓的面子，而丢失性命。

一位外国学者曾这样评价："为了保持体面，在一些中国人中产生出外国人无论如何体会不出来的'面子'经。'有面子'是一种硬性抬高的体面；'失面子'则是一种有失体面的耻辱，而一旦失去面子就等于精神上的死亡；'不要面子'是不顾自己体面。不论什么样善良柔弱的中国人，为了'面子'甚至可以同任何强者搏斗。当'面子'受到损害而无力恢复时，中国人会表现出相当的高傲，而且为了挽回自己表现的这种高傲，激愤而不惜以死相争者不计其数。"

总之，在外国人眼中，中国人特别"爱面子"、"讲面子"，甚至达到了某种不可思议的病态程度。

林语堂先生就说过："面子、命运和人情为统治中国的三女神。"外国学者对我们有那么一种评价：对中国人大部分行为、态度的分析，穷极到一点就是'面子'。那不可思议的感受性、隐秘性、平素被谦让掩盖着的根源，在于极度虚荣的、病态的功利主义。

说得一点都不错，"爱面子"、"讲排场"的确成为支配许多国人行为的一个基本出发点。因此就常有这么一句话可以概括这种行为："死要面子活受罪"。一些人为了"爱面子"甚至可以忍受任何的痛苦，即使自己受罪也无所顾忌。

譬如，有的人经济上原本十分拮据，完全没有实力与他人比阔的，然而为了"死要面子"，就节衣缩食，"勒紧了自己裤腰带"，甚至"举了债"，也要与他人比阔。

有的人为了"死要面子"，自己本无多大的实力和"后台"，然而却制造假象，蒙骗他人，有的四处吹嘘自己如何如何"有能耐"，有的则无限夸大自己的"后台"是如何如何的"硬"，因而什么东西都能搞得到，什么事情都能办得到。

有的人为了"死要面子"，明明自己是"普通一兵"，然而一到某些场合就显得尤其活跃，硬是往"名流"里去靠，借"名流"的声望来抬高自己。

有的人为了"死要面子"，明明是靠偶然的意外获得一次成功，明明自己是"喜出望外"，内心异常激动万分，然而却装得很有"修养"，异常地"深沉"，还显出若无其事的样子来，一副过于谦虚、故作姿态的样子。

有的人为了"死要面子"，还不惜采取卑劣的手段诬陷他人，通过打击他人的方式来抬高自己。

有的人为了"死要面子"，见荣誉就争，见利益就抢，不放过任何的机会来抬高自己、打扮自己。

有的人为了"死要面子"，自己犯了错误还"死不认账"，即使当面被人揭穿也要死撑到底，有的甚至还要倒打一耙，将原因推给他人，或是避重就轻，将原因归之为客观所致，总之，千方百计地开脱自己的主观责任。

有的人在学术上明明是"草包"一个，然而为了"死要面子"，也不顾自己是不是理解，装腔作势、咬文嚼字、拿腔拿调、引经据典，一副假斯文的样子来。更有甚者，那就是剽窃、抄袭，凡能想到的下作手段都敢使。

有的人为了"死要面子"，对那些不给自己"面子"的人或是威胁到自己"面子"的人，往往采取主动地贬抑甚至恶毒攻击的态度，以及"一报还一报"的报复态度，以维护自己所谓的尊严。

总之，当一个人陷于"死要面子"的误区时，他的心理，他的行为就会变得不可思议起来，其结果无外乎"活该受罪"。

面子终究是一种表面的虚荣。为了"面子"而置"里子"不顾，完全是本末倒置。所谓"里子"，就是你内在的东西。比如知识、智慧、道德以及心灵的自由与快乐。外在的面子，只不过是一张易碎的薄纸而已。

面子的纸糊在我们的脸上久矣，卸下它，你将自由自在地呼吸到新鲜的空气，感受到风和日丽。

在别人心中，你没那么重要

人之所以看重面子，其实是过于在乎别人的评价。穿不穿名牌，参加同学聚会时会不会被别人看不起；妻子长相太普通了，还是别带她参加同学聚会了吧；说失业不好，还是说自己从事自由职业吧……

当你在意别人的评价时，有没有想过：别人真的有那么在意你吗？

张先生因为工作的变动调到了一个新的部门，这个部门似乎没有以前的职位风光，也没有以前的地位显赫。于是他总是担心别人会有什么其他的想法，"怎么回事，是不是犯了错误而下来了"等等，虽然是正常的工作调动，但还是担心别人会说些什么，于是没事时待在家中好久也没有露面。

有一天，他在大街上遇到一个熟人，熟人问："你不做老总啦？调到哪儿去了？"张先生回答："不做了，调到另一个部门去了。"对方说："好呀，祝贺你！"张先生笑笑：'有时间去玩呀。"然后作别。但是心里却有一种淡淡的酸楚感觉，害怕熟人是在笑话他。

过了不久，张先生恰巧在某处又碰到了那位熟人，熟人又问："听说你不做老总了，调哪儿去了呢？"他只得将以前的话又重复了一遍："我调到另一个部门去了，有时间去玩。"

回到家，张先生心里突然清朗起来，好像是一下子悟出了什么来。是呀，自己整天担心别人说什么，整天把自己当回事，而别人早把自己忘了。于是，照旧同原来一样，同朋友们一起聚会聊天，大家依然是那样的热情，依然是那样的真诚和开心。

其实，很多的人不堪烦恼，只是自己杯弓蛇影的自恋和自虐而已。所有的担心和疑惑，大都是自己内心的原因。在别人的心中，其实并不那么重要。

生活中常常碰到的许多事，比如说了什么不得体的话，被他人误会了什么，遇到了什么尴尬的事等等，大可不必耿耿于怀，更不必揪住所有人去做解释，因为事情一旦过去，没有人还有耐心去理会别人曾经说过的一句闲话，一个小的过失和疏忽等。你那么念念不忘，说不定别人早已忘记了，不要太把自己当回事了。反过来我们也可以问问自己，别人的一次失误或尴尬，真的会总在你的心头挥之不去，让你时时惦念吗？你对别人的衣食住行真的就是那么关心，甚至超过关心自己吗？

人生中有那么多的事，每个人连自己的事都处理不完，自然没有多少人还会去关心与自己不太相关的事情。只要你不对别人造成什么伤害，只要不是损害了别人的什么利益，没有什么人会对你的失误或尴尬太在意的，也许第二天太阳升起的时候，别人什么事都没有了，只有自己还在耿耿于怀。所以你要明白，在别人的心中，你并没有那么重要。

敢于正视和承认不足

有个希腊穷人到雅典的一家银行应聘门卫工作，人家问他会不会写字，他很不好意思地说："我只会写自己的名字。"他因此没能得到这份工作，无奈之下他借了点钱去另找出路，渡海去了美国。

几年后，他竟然在事业上获得了巨大成功。

一位记者建议他说："您该写本回忆录。"

这位企业家却在众多媒体人物到场的情况下笑着说："绝不可能，因为我根本不识字。"

记者大吃一惊。

企业家很坦然地说："任何事有得必有失。如果我会写字，也许现在我还只是个看门的。"

这位企业家并没有因为自己是一个有身份的人而认为自己

不识字是低人一等或没有品位。他认为，诚实才是做人的灵魂。

当然，不诚实表现在多个方面。有一种不诚实就是不懂装懂。世界这么大，新鲜事物那么多，一个人不可能对所有的事物都了解，对所有的知识都掌握，大千世界中必定有你所不知道或知之甚少的东西，所以说，没有必要不懂装懂。要知道，不懂装懂的做法一旦被别人识破，不但显不出自己的品位，反而更会让人瞧不起，还难免被人故意利用弱点加以愚弄，那滋味恐怕更不好受。

生活中常有这样一些人，到处充当"无所不知"先生。每当人们谈起一个有兴趣的问题时，他就不知从什么地方钻出来，接过话头信口胡说："这个嘛，我知道……"捕风捉影地胡吹一通，虽然驴唇不对马嘴也毫不脸红。

这样做看似有面子，但往往容易弄巧成拙。由于不愿意被轻视而经常隐瞒自己不知道的事情，强把不知以为知，在他人面前冒充有学问的人。但想没想过世上还是谦虚的人多，人家虽然没有像这种人一样夸夸其谈，但并不说明人家不懂。而他们却在班门弄斧，关公门前耍大刀，最后必然会在人前丢丑。

即使是真有学问的人，也不能太"牛"，因为谁也不能什么都懂、都精通，早晚有一天"一失足"，所有原来吹出来的"良好印象"都将一扫而光。

其实，本着老老实实的态度做人处世，在与人讨论问题的时候，"知之为知之，不知为不知"，勇于承认自己有不懂的知识，坦率地向内行人请教，反倒是能够留给人们极好的印象。同时自己因谦虚也可以得到不少新的知识，亦不必因自欺欺人而感到内心不安。

这个道理你可能会说"谁不知道！"或许你说得对。问题是对于有些人来说，道理好懂，做起来却难，光为了"面子"，就会使人难于说"不知道"。

一位研究生曾回忆说，他曾遇到过这样一件事，由于学位论文在正式答辩前要送交专家审阅，他便把他写的有关宇宙观的哲学论文送交给一位白发斑斑的物理系教授，请他多多指教。但他没有想到的是，这位老前辈第一次约见他的时候就诚恳地对他说：

"实在对不起，你论文中所写到的物理学理论我还不太懂，请你把论文多留在我这里一段时间，让我先学习一下有关的知识后再给你提意见，好吗？"

他当时简直不敢相信自己的耳朵，不是因为相信老教授真的不懂，而是因为这样一位物理学的权威大家，敢于当着一位还没有毕业的研究生的面承认自己在物理学领域还有不懂的东西！

老教授大概看出了他内心的疑惑，爽朗地笑了起来："怎么，奇怪吗？一点都不奇怪！物理学现在的发展日新月异，新知识层出不穷，好多东西我都不了解，而我过去学过的东西有很多现在已经陈旧了，我当务之急是重新学习。"

老教授的这番话使这位研究生佩服得五体投地：这才是真正的学者风度！回想起自己经常碍于面子，在同学面前，不知道的事情也硬着头皮凭着一知半解去发挥，真是十分惭愧！

在他做论文答辩时，有一位外校的教授向他提出了一个他不懂的问题，他虽然觉得心跳加速，脸直发烧，但一看到坐在前面的那位物理系教授，顿时勇敢地说出"我不知道"。他原以为在场的人会发出讥笑，但结果并没有发生这种不利的反应。他还见那位教授满意地点了点头。答辩会一结束，老教授就把他叫到一边，详细告诉了他那个问题的来龙去脉，使他大受感动。

白发斑斑的老教授敢于向青年人承认自己的"不懂"，使研究生对他更加尊敬；研究生深受教育，在答辩时面对难题，也承认了自己知识的不足，同样受到他人的赞赏。可见，承认"不知道"不但可在人们的心目中增加可信度，消除人际关系中的偏执和成见，开阔视野，增长知识，而且还有另外一大益处：使自己更富有想象力和创造力。

相对老教授和他的学生的谦逊，有一些人已成为名人，就是不能坦陈自己的不足，为自己的名声抹了不少黑。有那么一位中年老师，因为在电视上讲了几次，又出了几本书，名声一时鹊起。他本是讲历史的，结果奥运会他也评论一下，神舟飞船上天，他又一通儿乱侃，结果在观众中名声大跌，网上留言评价相当负面。倘若电视台邀请出节目，他大可坦陈不足，请其他专家出面，这反倒会提高自己声望。然而，现在，在人们心目中，他不过是一个为了面子（或是为了出镜费）什么都侃的普通人。

承认错误也是一种体面

是人都难免犯错。如果你发现自己错了，最好不要像鸭子似的嘴硬。死扛着不认错，不仅活得累，而且活得不坦荡。

有一位教师朋友，他们学校对他的教学工作颇有微词。一位和他相识的教授曾了一些看不起他的话，这些话被传到他耳里，他只好忍气吞声。后来有一天他接到这位教授的来信。那时教授已离开了学校，调到某新闻部门从事编辑工作。教授来信说，以前错估了他，希望得到原谅。此时，这位教师的各种敌意便立刻烟消云散了，并极其感动，马上回信并表示敬意。从此，他们便成了好朋友。

由此可以看到，承认自己的错误不但可以弥补破裂的关系，而且可以增进感情，但有勇气承认自己的错误却不是一件容易的事情。有一位名人曾经说过："人们敢于在大众面前坚持真理，但往往缺乏勇气在大众面前承认错误。"有些人一旦犯了错误，总是列出一万个理由来掩盖自己的错误，这无非是"面子"在作怪。他们以为，一旦承认自己的错误就伤了自尊，就是丢了个人面子。这种想法，无异于在制造更多的错误，来保护第一个错误，真可谓错上加错。

古人说过："人非圣贤，孰能无过，过而能改，善莫大焉。"意思是说，人都会有过失，只要能认识自己的过失，认真改正，就是有道德的表现。孔子曾把"过失"比喻为日食与月食，无论怎样对待大家都会看得清清楚楚。因此，最好的办法是坦诚地承认自己的错误，通过承认错误表现出谦虚的品格。知道自己犯错误，立刻用对方欲责备自己的话自责，这是聪明的改正方法，这会使双方都感到愉快。

每个人都有自己的自尊心和荣誉感，如果肯主动承认自己的错误，这不仅不会使自尊受到伤害，而且也会为自己品格的高尚而感到快乐。

事实上，主动承认自己的错误，不但可以增加相互之间的了解和信任，而且能增进自我了解进而产生自信心。有时候，人们非要等到自己看见并接受自己所犯的错误时，才能真正了解自己的能力。当年的亨利福特二世就是从错误中学习，并在改正错误时真正了解自己的能力的。当年，26 岁的亨利福特二世接任了美国福特汽车公司的总裁。上任后，他的创新、实验和努力避免错误产生的做法，扭转了公司亏损的局面。有人问他，如果让他从头再来的话，会有什么不同的表现。他回答道："我只能从错误中学习，因此，我不认为自己可能有什么与众不同的作为，我只是尽量避免重犯不同的错误而已。"

承认自己的错误并不是什么耻辱，而是真挚和诚恳的表现。承认自己的错误更能显示自己人格的伟大。但是认错时一定要出于真诚，不能虚情假意。真诚不等于奴颜婢膝，不必低三下四，要堂堂正正，承认错误是希望纠正错误，这本身就是值得尊敬的一件事情。假如你没有错，就不要为了息事宁人而认错，否则，这是没有骨气的做法，对任何人都无好处。

如果你说过伤人的话、做过损害别人的事，坦诚地承认自己的错误会使你心胸坦荡，这将使你踏向更坚强的自我形象，增进你在他人心中的人格魅力。早在 2000 年前古希腊的哲学家留基伯与德谟克利特，就从自己错与别人错的比较中，明确地指出："谴责自己的过错比谴责别人的过错好。"不明智的人才会找借口掩饰自己的错误。假如你发现了自己的错误，就应尽快地承认自己的过错，这不仅丝毫不会有损于你的尊严，反而会提升你的品格。

学会藏拙，低调做人

在秦始皇陵兵马俑博物馆，有一尊被称为"镇馆之宝"的跪射俑。这尊跪射俑是保存最完整的、唯一一尊未经人工修复的秦俑。秦兵马俑坑至今已经出土清理各种陶俑 1000 多尊，除跪射俑外，其他皆有不同程度的损坏，需要人工修复。为什么这尊跪射俑能保存得如此完整？

原来，这得益于它的低姿态。首先，跪射俑身高只有 1.2 米，而普通立姿兵马俑的身高都在 1.8 至 1.97 米之间。天塌下来有高个子顶着。其次，跪射俑作蹲跪姿，右膝、右足、左足三个支点呈等腰三角形支撑着上体，重心在下，增强了稳定性，与两足站立的立姿俑相比，不容易倾倒、破碎。因此，在经历了两千多年的岁月风霜后，它依然能完整地呈现在我们面前。

由跪射俑的低姿态联想到我们的做人之道。一个人若能在人群中保持低姿态，才高不自诩，位高不自傲，也同样可以避开无谓的纷争，在显赫时不会招人嫉妒，在受挫时不会遭人贬损，能让自己更好地生活且平静祥和。

嫉妒是人性的弱点之一，只不过有的人会把嫉妒表现出来，有的人则把嫉妒深埋在心底。嫉妒是无所不在的，朋友之间、同事之间、兄弟之间、夫妻之间、父子之间，都可能有嫉妒存在。而这些嫉妒一旦处理失当，就会形成足以毁灭一个人的烈火，特别是发生在朋友、同事间的嫉妒情绪，对工作和交往会造成更大的麻烦。

朋友、同事之间嫉妒的产生有多种情况。例如："他的条件不见得比我好，可是却爬到我上面去了。""他和我是同班同学，在校成绩又不比我好，可是竟然比我发达，比我有钱！"在工作中，如果你升了官、受到上司的肯定或奖赏、获得某种荣誉，那么你就有可能被别人嫉妒。女人的嫉妒还会更多表现在行为上，诸如说些"哼，有什么了不起"或是"还不是靠拍马屁爬上去的"之类的话。但男人的嫉妒通常藏在心里，有的藏在心里也就算了，但有的则明里暗里跟你作对，表现出不合作的态度。

因此，当你一朝得意时，应该想到并注意到的问题是：

同单位之中有无比我资深、条件比我好的人落在我后面？因为这些人最有可能对你产生嫉妒。

观察同事们对你的"得意"在情绪上产生的变化，可以得知谁有可能在嫉妒。一般来说，心里有了嫉妒的人，在言行上都会有些异常，不可能掩饰得毫无痕迹，只要稍微用心，这种"异常"就很容易发现。

而在注意这两件事的同时，你应该尽快在心态及言行方面做如下调整：不要凸显你的得意，以免刺激他人，徒增他人的嫉妒情绪，或是激起其他更多人的嫉妒，你若洋洋得意，那么你的欢欣必然换来苦果。

把做人的姿态放低，对人更有礼，更客气，千万不可有倨傲侮慢的态度，这样就可在一定程度上减少别人对你的嫉妒，因为你的低姿态使某些人在自尊方面获得了满足。

在适当的时候适当地故意显露你无伤大雅的短处，例如不善于唱歌、外文很差等，以便让嫉妒者的心中有"毕竟他也不是十全十美"的幸灾乐祸的满足。

和所有嫉妒你的人沟通，诚恳地请求他的帮助和配合，当然，也要指出并赞扬对方有而你没有的长处，这样或多或少可消弭他对你的嫉妒。

遭人嫉妒绝对不是什么好事，因此必须以低姿态来化解，这种低姿态其实是一种非常高明的做人之道。学会低调做人，就是要不喧闹、不娇柔、不造作、不故作呻吟、不假惺惺、不卷进是非、不招人嫌、不招人厌，即使你认为自己满腹才华，能力比别人强，也要学会藏拙。而抱怨自己怀才不遇，那只是肤浅的行为。

要适当出头，不可锋芒毕露

美丽的花最容易招人采摘，而一朵不显眼的平凡的花，反而能够更自由自在地开放。低调做人者首先给人的感觉就是

"貌不惊人"。当然，所谓的"貌"不完全是指外貌，严格地说是"看上去"的意思，即包括一个人的相貌穿着，也包括了行为举止。这种人给人的感觉是内敛而不张扬、柔和而不粗暴，不显山露水，也不锋芒毕露。这种做人的低姿态，能够减少别人的反感与嫉妒之心。

不过，在现在这个个性张扬的时代，更多的（特别是年轻人）遇事喜张扬，遇人好显摆，更要命的是抬高自己时还装作一本正经的样子，不见丝毫的羞涩。我们经常看到一些人，有八分的才能，却要十二分地表现出来，生怕别人不知道，还要十三分地说出来。他们往往有着充沛的精力，很高的热情以及一定的能力。他们说起话来咄咄逼人，做起事来不留余地。

俗话说：枪打出头鸟。先出头的鸟，最容易成为猎人眼里的目标。处世也经常有类似的境遇。木秀于林，风必摧之；行高于众，众必非之。要想不成为别人眼里的靶子，最好是自己主动要放下身段，低调做人。

做人的低调重要体现在不轻易出头，体现在多思索、少说话，体现在多安静、少喧哗。不要让人以为你是个爱抢风头的人，这样很容易激起嫉妒，产生矛盾和公愤。

但矛盾来了：我们每天忙碌奔走，不是希望自己能够有一天出人头地吗？如果事事都不出头，自己怎么会有出人头地的那一天呢？想出人头地并不是什么错，一个对自己有事业心的人、一个对家人有责任感的人，都会有一些出人头地的欲望，只不过是有些人隐藏得深一点，有些人隐藏得浅一点。

做人做事，又要把握好适当出头，但不可强行出头。所谓"强出头"，"强"在两层意思。

第一"强"是指"勉强"。也就是说，本来自己的能耐不够，却偏偏要勉强去做。当然，我们承认一个人要有挑战困难的决心与毅力，但挑战一定要有尺度。明知山有虎，偏向虎山行，如果没有一定的能耐，何必去送死？如果一定要打虎，先练练功夫才是最明智的选择。失败固然是成功之母，但我们不是为了成功而去追求失败。自不量力的失败，不仅会折损自己的壮志，也会惹来了一些嘲笑。

第二"强"是指"强行"。也就是说，自己虽然有足够的能力，可是客观环境却还未成熟。所谓"客观环境"是指"大势"和"人势"，"大势"是大环境的条件；"人势"是周围人对你支持的程度。"大势"如果不合，以本身的能力强行"出头"，不无成功机会，但会多花很多力气；"人势"若无，想强行"出头"，必会遭到别人的打压排挤，也会伤害到别人。

少出些头，你的身心就会多些随意与自由。

第八章　如何巧妙地化敌为友

最高贵的复仇之道是宽容。

——（法国）雨果

自出洞来无敌手，得饶人处且饶人。

——（宋代）善棋道人

仇恨伤人，也伤己

在现代都市的生活里，充斥着太多的浮躁与盲动。我们呼唤宁静与和睦，宁静让我们能如婴孩般沉浸在甜蜜的酣梦里，和睦让我们每天沐浴在栀子花般的清香之中。

世界上的每一个人都有着不同的个性、习惯、观念以及思维方式。这就决定了人与人之间的矛盾、冲突在所难免。"敌人"让我们发怒，使我们内心的宁静与外界的和睦渐行渐远。

真的是"敌人"破坏了我们的心情与生活吗？——不，除非你自己愿意，任何人都不能主宰你的心情与生活。面对"敌人"，只要你学会了宽恕，你就能找到你失去的一切。宽恕他人，其实就是在善待自己。当我们宽恕了别人，自己的心灵空间也就豁然开朗，心中的阴霾便会一扫而空。

宽恕是深藏爱心的体谅，并非仅仅是原谅；宽容是一种高尚的行为，更是一种智慧和力量的体现。让自己的心态变得宽容，世界会变得更加美好。

《狮子王》中的辛巴就拥有一颗宽恕的心，最终换来了森林王国的安宁，人类要获得宁静同样也需要一颗善待他人的心。

《百喻经》中有一则故事：

有一个人心中总是很不快乐，因为他非常仇恨另外一个人，所以每天都以愤怒的心，想尽办法欲置对方于死地。

　　为了一解心头之恨，他向巫师请教："大师，怎样才能解我的心头之恨？如果催符念咒可以损害仇恨的人，我愿意不惜一切代价学会它！"

　　巫师告诉他："这个咒语会很灵，你想要伤害什么人，念着它你就可以伤到他；但是在伤害别人之前，首先伤害到的是你自己。你还愿意学吗？"

　　尽管巫师这么说，一腔仇恨的他还是十分乐意，他说："只要对方能受尽折磨，不管我受到什么报应都没有关系，大不了大家同归于尽！"

　　为了伤害别人，不惜先伤害自己，这该是怎样的愚蠢？然而在现实生活中，这样无价值的仇恨天天在上演，随处可见这种"此恨绵绵无绝期"的自缚心结。仇恨就像债务一样，你恨别人时，就等于自己先欠下了一笔债务；如果心里的仇恨越多，活在这世上的你就永远不会再有快乐的一天。

　　一念嗔心起仇恨，就会让人陷入愚痴，如同自己拿着绳子捆住自己，不得自由，而且会越勒越紧。冤仇宜解不宜结，只有发自内心的慈悲，才能彻底解除冤结，这是脱离仇恨炼狱最有效的方法。

　　有一位从战俘营死里逃生的人，去拜访一个当时关在一起的难友。

　　他问这位朋友："你还痛恨那群残暴的家伙吗？"

　　"是的，我永远都不会原谅他们，我恨透他们，恨不得将他们碎尸万段！"朋友说。

　　他听了之后，淡然回道："若是这样，那他们仍囚禁着你。"

最难出狱的牢是"心牢",不肯原谅会比你痛恨的对象伤你更深。

《基督山复仇记》中有一句很有哲理的话:"仇恨原是盲目的,愤怒则会使人丧失理智。以复仇的手段来渲泄痛苦的人,最后只会将自己带入更痛苦的深渊。"通常我们愈是认为永远也不会饶恕的人,就愈是我们最需要原谅的人。是的,以前是发生过这么一件不愉快的事,但你可以决定不再让自己活在那里面。

仇恨原是盲目的,愤怒则会使人丧失理智。以复仇的手段来渲泄痛苦的人,最后只会将自己带入更痛苦的深渊。

《把敌人变成人》一书中曾转述了1944年苏联妇女们对待德国战俘的场景。

这些妇女中的每一个人都是战争的受害者,或者是父亲,或者是丈夫,或者是兄弟,或者是儿子在战争中被德军杀害了。

战争结束后押送德国战俘,苏联士兵和警察们竭尽全力阻挡着她们,生怕她们控制不住自己的冲动,找这些战俘报仇。然而当一个老妇人把一块黑面包不好意思地塞到一个疲惫不堪的、两条腿勉强支撑得住的俘虏的衣袋里时,整个气氛改变了,妇女们从四面八方一齐拥向俘虏,把面包、香烟等等各种东西塞给这些战俘……

叙述这个故事的叶夫图申科说了一句令人深思的话:"这些人已经不是敌人了,这些人已经是人了……"

这句话道出了人类面对苦难时所能表现出来的最善良、最伟大的生命关怀与慈悲，这些已经让人们远远超越了仇恨的炼狱。

古希腊神话中有一位大英雄叫海格里斯。一天他走在坎坷不平的山路上，发现脚边有个袋子似的东西很碍脚，海格里斯踩了那东西一脚，谁知那东西不但没被踩破，反而膨胀起来，加倍地扩大着。海格里斯恼羞成怒，操起一根碗口粗的木棒砸它，那东西竟然长大到把路都堵死了。正在这时，山中走出一位圣人，对海格里斯说："朋友，快别动它，忘了它，离开它远去吧！它叫仇恨袋，你不犯它，它便小如当初；你侵犯它，它就会膨胀起来，挡住你的路，与你敌对到底！"

人在社会上行走，难免与别人产生摩擦、误会甚至仇恨，但别忘了在自己的仇恨袋里装满宽容，那样就会少一分阻碍，多一分成功的机遇。否则，你将会永远被挡在通往成功的道路上，直至被打倒。

如果一个人心中时时怀着仇恨，这仇恨就会像海格利斯遇到的仇恨袋一样，一次次地放大，一次次地膨胀，终有一天它会阻碍你内心的澄明，搅乱你步履的稳健。所以，请记住这个原则：相信命运的人应当在生活中体现他们的信仰，而不信命运的人则应本着爱与正义的原则而活着。只有这样，我们才能远离仇恨、超越仇恨！

不肯原谅的结果，受到伤害最大的还是自己。唯有宽容，才能从那些伤害你的人身上夺回自己的力量。一位大师曾说得好："假如你想提一袋垃圾给对方，那么是谁一路上闻着垃圾的臭味？是你，不是吗？而紧握着愤恨不放，就像是自己扛着臭垃圾，却期望熏死别人一样，这不是很可笑的吗?"

将悲痛与怨恨留在身后

曼德拉因为领导反对白人种族隔离的政策而入狱，白人统治者把他关在荒凉的大西洋小岛罗本岛上27年。当时曼德拉年事已高，但白人统治者依然像对待年轻犯八一样对他进行残酷的虐待。

罗本岛上布满岩石，到处是海豹、蛇和其他动物。曼德拉被关在集中营里的一个"锌皮房"，白天打石头，将采石场的大石块碎成石料。他有时要下到冰冷的海水里捞海带，有时干采石的活儿——每天早晨排队到采石场，然后被解开脚镣，在一个很大的石灰石场里，用尖镐和铁锹挖石灰石。因为曼德拉是要犯，看管他的看守就有3人。他们对他并不友好，总是寻找各种理由虐待他。

谁也没有想到，1991年曼德拉出狱当选南非总统以后，他在就职典礼上的一个举动震惊了整个世界。

总统就职仪式开始后，曼德拉起身致辞，欢迎来宾。他依次介绍了来自世界各国的政要，然后他说，能接待这么多尊贵的客人，他深感荣幸，但他更高兴的是，当初在罗本岛监狱看守他的3名狱警也能到场。随即他邀请他们起身，并把他们介绍给大家。

曼德拉的博大胸襟和宽容精神，令那些残酷虐待了他27

年的白人汗颜，也让所有到场的人肃然起敬。看着年迈的曼德拉缓缓站起，恭敬地向3个曾关押他的看守致敬，在场的所有来宾以至整个世界，都静下来了。

后来，曼德拉向朋友们解释说，自己年轻时性子很急，脾气暴躁，正是狱中的生活使他学会了控制情绪，因此才活了下来。牢狱岁月给了他时间与激励，也使他学会了如何处理自己遭遇的痛苦。他说，感恩与宽容常常源自痛苦与磨难，必须通过极强的毅力来训练。

获释当天，他的内心平静："当我迈过通往自由的监狱大门时，我已经清楚，自己若不能把悲痛与怨恨留在身后，那么我仍在狱中。"

人生在世，要做的事情很多，如果因为自己受到一点伤害而仇恨别人，那不但会伤害自己，反而会因为不正常的心理妨碍自己的事业。因为，心中含恨的人比被恨的人更伤身心，不肯原谅别人的人远比迁怒的对象伤害更深。当我们满怀仇恨时，我们就等于给了对方力量，你的仇恨不但会影响你的血压、食欲、睡眠，也会破坏你的健康和快乐，甚至扭曲你的个性和人格。

把仇恨的空间留给爱

阿拉伯著名作家阿里，有一次与吉伯和马沙这两位朋友一同出外旅行。三个人行经一处山崖时，马沙失足滑落，眼看就要丧命，机灵的吉伯拼上老命拉住了他的衣襟，将他救起。为了永远记住这一恩德，马沙在附近的大石头上用力刻下了这样一行字："某年某月某日，吉伯救了马沙一命。"

于是三人继续前进，不几日来到一处河边。可能因为长途旅行的疲劳，吉伯跟马沙为了一件小事吵起来了，吉伯一气之下打了马沙一耳光。马沙被打得眼冒金星，然而他没有还手，却一口气跑到沙滩上，仍然用很大力气在沙滩上写下一行字："某年某月某日，吉伯打了马沙一记耳光，"

这以后，旅行很快结束了。回到家乡，阿里怀着好奇心问马沙："你为什么要把吉伯救你的事刻在石头上，而把打你耳光的事写在沙滩上？"

马沙平静地回答："我将永远感激并永远记住吉伯救过我的命，至于他打我的事，我想让它随着沙子的运动忘记得一干二净。"

忘记是人的天性。一生中，我们要经历许多事情，要相识、相交许多人。而心灵像一个筛子，在世事沧桑颠沛变换之中，会遗漏许多人。不过，对于智者来说，他们忘记的是别人的不足和过错，他们不会刻意去记恨一个人，而他们记住的却是别人的好和善，并时时让它们充盈着自己那颗感恩的心。这样，他们过的将是一种宽恕和大气的生活。

忘记仇恨和不公，记住给予和幸福，把仇恨的空间留给爱，让我们的心灵永远清澈透明，让生命的里程碑永远记载感动和感恩，从此学会去爱别人，学会给别人机会，因为宽大的胸怀能让我们的路越走越宽。

如何面对别人的诋毁

身处社会之中，偶尔莫名其妙地挨两巴掌是难免的事，但是，挨了巴掌之后，要怎么反应，就是一门你我都需要学习的学问了。

明代人屠隆在《婆罗馆清言》中说过一段睿智话，意思是："一个人要实现自己的理想，要找到真理，纵然历经千难万险，也不要后退。奋斗的过程中，要用坚强的意志来支撑自己，忍受一切可能遇到的屈辱，只要坚持下去，就能取得成功。艰难羞辱不但损害不了你人格的完整，还会使人们真正了解你人格的伟大。重要的是，在遭遇苦难侮辱时，把这一切都抛诸脑后，得一分清爽的心情。"

屠隆的话告诫我们，当面临恶意诋毁时，你的态度应该是置之不理。

有些人对那些无中生有的诬蔑表现得异常激愤，反唇相讥甚至大打出手，其实那都是没有必要的。如果换一种角度来看，那些遭人诋毁的人反倒应觉得庆幸，因为正是你极具重要性，别人才会去关注、去议论、去诬蔑。所以不要理会这些无聊的人，事实自会让流言不攻自破。

美国曾有一位年轻人，出身寒微，依靠自己的努力，在30岁时当上了全美有名的芝加哥大学的校长。这时各种攻击落到他的头上。有人对他的父亲说："看到报纸对你儿子的批评了吗？真令人震惊。"他父亲说："我看见了，真是尖酸刻薄。但请记住，没有人会踢一只死狗的。"

美国著名教育家卡耐基很赞美这句话，他说：不错，而且越是具有重要性的"狗"，人们踢起来越感到心满意足。所以，当别人踢你、恶意地诋毁你时，那是因为他们想借此来提高自己的重要性。当你遭到诋毁时，通常意味着你已经获得成功，并且深受别人注意。

诋毁、诬蔑与攻击通常是变相的恭维，因为没有人会踢一只死狗。只有挂满果实的树才会招来石块，也是这个道理。

美国独立运动的奠基者、美国第一任总统华盛顿，也曾被人骂为"伪善者"、"骗子"、"比杀人凶手稍微好一点的人"。对于这些诬蔑，华盛顿毫不在意，事实证明他是美国历史上最具影响力的人物。

一个人若想坚持真理，想比别人做得更好一些时，遭到某些人的恶意攻击是不可避免的。对这一点，我们要有足够的思想准备，我们不能避免这种攻击，但我们能避免这种攻击干扰我们的心态。

一次法国作家小仲马的一个朋友对他说："我在外面听到许多不利于你父亲大仲马的传言。"

小仲马摆出一副无所谓的样子回答："这种事情不必去管它。我的父亲很伟大，就像是一条波涛汹涌的大江。你想想看，如果有人对着江水小便，那根本无伤大雅，不是吗？"

听到别人的流言飞语，再三客观地分析、判断之后，只要认为自己的做法合理。站得住脚，那么大可以坚持到底，不必理会。

美国前总统罗斯福的夫人艾丽诺曾受到许多批评，但她都能够泰然处之。她说："避免别人攻讦的唯一方法就是，你得像一只有价值的精美的瓷器，有风度地静立在架子上。"

寸步不让，赢了又如何

因为屋子刚刚油漆完，戴维到附近一家很清静的小旅馆去避居几日。他带的行李只是一个装着两双袜子的雪茄烟盒，另有一份旧报纸包着的一瓶酒，以备不时之需。

午夜时分，戴维忽然听到浴室中有一种奇怪的声音。过了一会儿，出来了一只小老鼠，它跳上镜台，嗅嗅他带来的那些东西。然后又跳下地，在地板上做了些怪异的老鼠体操，后来它又跑回浴室，不知忙些什么，一夜未停。

第二天早晨，戴维对打扫房间的女服务员说："这间房里有老鼠，胆子很大，吵了我一夜。"

女服务员说："这旅馆里没有老鼠。这是头等旅馆，而且所有的房间都刚刚装修过。那是您的幻觉。"

戴维下楼时对电梯司机说："你们的女服务员倒真忠心。我告诉他说昨天晚上有只老鼠吵了我一夜。她说那是我的幻觉。"

电梯司机说："她说得对。这里绝对没有老鼠！"

戴维的话一定被他们传开了。柜台服务员和门卫在戴维走过时都用怪异的眼光看他：此人只带了两双袜子和一瓶酒就来住旅馆，偏又在绝对不会有老鼠的旅馆里看见了老鼠！

无疑，戴维的行为替他博得了近乎荒诞的评语，那是娇惯任性的孩子或是孤傲固执的病人所常得到的评语。

第二天晚上，那只小老鼠又出来了，照旧跳来跳去，活动一番。戴维决定采取行动。

第三天早晨，戴维到店里买了几只老鼠笼和一小包咸肉。他把这两件东西包好，偷偷带进旅馆，不让当时值班的员工看见。第二天早上他起身时，看见老鼠在笼里，既是活的，也没有受伤。戴维不准备对任何人说什么，只打算把装有老鼠的笼子提到楼下，放在柜台上，证明自己不是无中生有。但在准备走出房门时，他忽然想到："我这样做，岂不是太无聊，而且很讨厌。是的！我要做的是爽爽快快证明在这个所谓绝对没有老鼠的旅馆里确实有只老鼠，从而一举消灭它。我以雪茄烟分别装两双袜子，外带一瓶酒（现在只剩空瓶了）来住旅馆而博得怪人畸形的光彩。我这样做，是自贬身价，使我成为一个不惜以任何手段证明我没有错的气量狭窄、迂腐无聊的人……"

想到这，戴维赶快轻轻走回房间，把老鼠放出，让它从窗外宽阔的窗台跑到邻屋的屋顶上去。

半小时后，他下楼退掉房间，离开旅馆。出门时把空老鼠笼递给侍者。厅中的人都向戴维微笑点头，看着他推门而去。

即使是一个非常宽容的人，在面对别人给予自己的错误评价时可能也会无法忍受。但在给别人让步的同时，自己也获得了更大的空间，睚眦必报只会逼得自己无力支招。

得饶人处且饶人

　　知恩不报非君子，对别人给予的恩惠要努力报答。对别人给予的伤害，是否也要努力"报答"呢？是"有仇不报非君子"吗？

　　在对待报恩与报仇上，普遍的看法是"以其人之道，还其人之身"。也就是说，你怎样对待我，我就以同样的方式回敬你，公平、合理，两不相欠。而具体到报仇上，可以概括为"人不犯我，我不犯人；人若犯我，我必犯人！"干净利落，不留余地。

　　上面所说的对待"报仇"的态度，即使放在天平上经过精密的衡量，也是"公平"的。你打我一拳，我给你一腿，两厢抵消。但生活中真的有那么多的大"仇"和"怨"值得你去回报吗？

　　有人会回答：值得，为什么不值得呢？他给我造成了伤害，让我备受煎熬，我也要让他尝尝痛苦的滋味，这叫报应！这下好了，原本是一个人痛苦，现在是两个人了，报复者心里确实平衡了很多。但你也应该听到过"仇人相见，分外眼红"这句说法，你们之间的梁子结得更大了，恐怕以后还会互相斗法。

　　有位贵妇带着她年幼的儿子到纽约旅行，坐上一辆的士，当的士经过一个街口时，儿子的眼光被街头几位浓妆艳抹，不时对男人抛媚眼的女郎吸引住了。

"这些女士在做什么？"男孩问。

他的母亲面红耳赤，说："我想她们迷路了，正在问路。"

的士司机听了，一脸不屑地说："明明是妓女，你为什么不说实话呢？"

贵妇对司机的无理十分愤怒。儿子接着又问："妓女是什么？她们跟一般的女人有什么不同？她们有孩子吗？"

"当然！"母亲回答："不然纽约的这些的士司机是谁生的？"

我们都常听到冲突的双方说辞："是'他'先开始的！"然后继续听下去，你可能也会听到："没错，但我那么做是因为之前你所说的话！"接着是："可是我那么说，还不是因为你先……"结果就没完没了。也许当初只是一件极为简单的小事，最后也能演变成严重的闹剧。

两辆的士狭路相遇，司机互不相让。

一阵争吵后，一个司机郑重其事打开报纸，靠在椅背上看报。

另一个司机也不甘示弱，大声喊道："喂！等你看完后能否把报纸借给我？"

另有一对父子，脾气都很犟，凡事都不愿认输，也不肯低头让步。一天，有位朋友来访，所以父亲就叫儿子赶快去市场买些菜回来。

儿子买完菜在回家的途中，却在狭窄的巷口与一个人迎面对上，两人竟然互不相让，就这样一直僵持下去。

父亲觉得很奇怪，为什么儿子买个菜去了那么久，于是前去察看发生了什么事。当这个父亲见到儿子与另一个人在巷口对峙时，就气愤地对儿子说："你先把菜拿回去，陪客人吃饭，这里让我来跟他耗，看谁厉害！"

想解开缠绕在一起的丝线时，是不能用力去拉的，因为你愈用力去拉，缠绕在一起的丝线必定会缠绕得更紧。人与人的交往也一样，很多人只知道"得理不饶人"，却不晓得"顺风扯篷、见好就收"的道理，结果关系缠绕纠结，常闹到两败俱伤的地步。

用宽恕去化解仇恨

生活中很少有什么不共戴天的大仇非报不可，真的到了"大仇"的份儿上，会有法律的武器来制裁他，至少也有道德的力量来惩罚他。一般的怨恨与梁子，还是以德报怨更好。子曰："为政以德，譬如北辰，居其所而众星共之。"可见"德"的力量之大。

一天下午，当库克驾驶着蓝色的宝马回到公寓的地下车库时，又发现那辆黄色的法拉利停靠在离他的泊位很近的地方。"为什么老不给我留些地方？"库克心中愤愤地想。

这天，库克比那辆黄色法拉利先回去。当他正想关掉发动机，那辆法拉利开了进来，驾车人像以往那样把她的车紧紧地贴着库克的车停下。库克实在无法忍耐，加上他当时正患感冒，头疼的厉害，而且还刚收到税务所的催款单。于是，库克怒目瞪着黄色法拉利的主人大声喊道："你离我远些！"

那位黄色法拉利的主人也瞪圆双眼回敬库克："和谁说话呢？"她边尖着嗓门大叫边离开车子，"你以为你是谁，是总统？"说完不屑一顾地扭转身子走了。

库克咬咬牙心想："我会让你尝尝我的厉害。"第二天，库克回家时，黄色的法拉利正好还未回车库，库克把车子紧挨着她的车位停下，这下她会因为水泥柱子而打不开车门的。

接着的几天，那辆黄色的法拉利每天都先于库克回到车库，逼得库克好苦。

"老这样下去能行吗？该怎么办呢？"很快，库克有了一个好主意。第二天早晨，黄色法拉利的女主人一坐进她的车子，就发现挡风玻璃上放着一个信封。

亲爱的黄色法拉利：

很抱歉我家的男主人那天向你家女主人大喊大叫，他并不是有意针对哪个人的，这也不是他惯有的作风，只是那天他从信箱里拿到了带来坏消息的信件，我希望您和您家的女主人能够原谅他。

您的邻居蓝色宝马

第三天早晨，当库克走进车库，一眼就发现了挡风玻璃上的信封，他迫不及待地抽出信纸。

亲爱的蓝色宝马：

我家的女主人这些日子也一直心烦意乱，因为她刚学会驾驶汽车，因此还停不好车子，我家女主人很高兴看到您写的便条，她也会成为你们的好朋友的。

您的邻居黄色法拉利

从那以后，每当蓝色的宝马和黄色的法拉利再相见时，他们的驾车人都会愉快地微笑着打招呼。

一位妇人同邻居发生了纠纷，邻居为了报复她，趁黑夜偷偷地放了一个花圈在她家的门前。

第二天清晨，当妇人打开房门的时候，她深深地震惊了。她并不是感到气愤，而是感到仇恨的可怕。是啊，多么可怕的仇恨，它竟然衍生出如此恶毒的诅咒！竟然想置人于死地而后快！妇人在深思之后，决定用宽恕去化解仇恨。

于是，她拿着家里种的一盆漂亮的花，也是趁夜放在了邻居家的门口。又一个清晨到来了，邻居刚打开房门，一缕清香扑面而来，妇人正站在自家门前向她善意地微笑着，邻居也笑了。

一场纠纷就这样烟消云散了，她们和好如初。

用宽容的心去体谅他人，把微笑真诚地写在脸上，其实也是在善待我们自己。当我们以平实真挚、清灵空洁的心去宽待别人时，心与心之间便架起了相互沟通的桥梁，这样我们也会获得宽待，获得快乐。

古人说："耳目宽则天地窄，争务短则日月长"。这意思是说，如果总是让自己听到的、看到的管得太宽，那么"天地"也会变窄小的；如果把张家长李家短的纷争处理得当，那么"人生的日子"就会变得有意义，就像是延长了寿命。

友善可以化敌为友

卡尔是一位卖砖的商人，由于另一位对手的恶性竞争而使他陷入困难之中。

对方在他的经销区域内定期走访建筑师与承包商，告诉他们：卡尔的公司不可靠，他的砖不好，生意也面临即将停业的境地。

卡尔并不认为对手会严重伤害到他的生意，但是这件麻烦事使他心中生出无名之火，真想"用一块砖头敲碎那人肥胖的脑袋"作为发泄。

在一个星期天的早晨，卡尔听了一位牧师的讲道。主题是：要施恩给那些故意跟你为难的人。卡尔把每一个字都记下来。卡尔告诉牧师，就在上个星期五，他的竞争者使他失去了一份 25 万元的订单。但是，牧师却教他要以德报怨、化敌为友，而且举了很多例子来证明自己的理论。

当天下午，当卡尔在安排下周的日程表时，发现住在弗吉尼亚州的一位顾客，要为新盖一间办公大楼购买一批砖。可是他所指定的砖却不是卡尔他们公司所能制造供应的那种型号，而与卡尔的竞争对手出售的产品很相似，同时卡尔也确信那位满嘴胡言的竞争者完全不知道有这个生意机会。

这使卡尔感到为难。如果遵从牧师的忠告，自己就应该告诉对手这项生意的机会，并且祝他好运。但是，如果按照自己的本意，他宁愿对手永远也得不到这笔生意。

卡尔在内心挣扎了一段时间，牧师的忠告一直盘踞在他的心田。最后，也许是因为很想证实牧师是错的，卡尔拿起电话拨到竞争者的家里。

当时，那位对手难堪得说不出一句话来。卡尔就很有礼貌地直接告诉他，有关弗吉尼亚州的那笔生意机会。

有一阵子那位对手结结巴巴地说不出话来，但是很明显，他很感激卡尔的帮忙。卡尔又答应打电话给那位住在弗吉尼亚州的承包商，并且推荐由对手来承揽这笔订单。

后来，卡尔得到了非常惊人的结果，对手不但停止散布有关他的谎言，而且甚至还把他无法处理的一些生意转给卡尔做。现在，除了他们之间的一些阴霾已经获得澄清以外，卡尔心里也比以前好受多了。

把敌人变成朋友，远比简单的宽恕敌人要高明得多。减少一个敌人，我们会放下一袋仇恨的垃圾，减少一份敌对的阻力；增加一个朋友，我们就能收获一份友谊，得到更多帮助。而化敌为友，无疑是一种双重的利好。

战国时，梁国与楚国相接，两国在边界上各设界亭，亭卒们也都在各自的地界里种了西瓜。梁亭的亭卒勤劳，瓜秧长势极好，而楚亭的亭卒懒惰，瓜秧又瘦又弱，与对面瓜田的长势简直不能相比。楚亭的人觉得失了面子，有一天夜里偷跑过去把梁亭的瓜秧全给扯断了。

梁亭的人在次日面对满目狼藉的瓜田，气愤难平，连忙报告给边县的县令宋就，请求县令组织人力去扯楚亭的瓜秧。宋就说："他们这样做真的太卑鄙了！不过，既然我们不愿他们扯我们的瓜秧，为什么我们要反过去扯他们的瓜秧呢？别人做得不对，我们再跟着学，那就太狭隘了。你们听我的话，从今天起，每天晚上去给他们的瓜秧浇水，让他们的瓜秧长得好。而且，你们这样做，一定不可以让他们知道。"

梁亭的人听了宋就的话后，勉强地答应了并照办。楚亭的人在不久后，发现自己的瓜秧长势一天好似一天。他们感到奇怪，便暗中观察，发现居然是梁亭的人在黑夜里悄悄为他们浇水。楚亭人羞愧难当，将此事报告楚国边县的县令。楚县令听后感到十分的惭愧又十分的敬佩，又把这件事报告了楚王。楚王听说后，也感于梁国人修睦边邻的诚心，特备重礼送梁王，既以示自责，亦以示酬谢。结果，这一对敌国成了友好的邻邦。何必要多树立仇敌呢？友善从一开始就会使你显得大度、姿态高雅，就会使你生活的天地无比辽阔。如果别人对不住你，你还以友善待他，他自会对你有负疚感，说不定以后还会加倍补偿给你，这正是做聪明人的方法。

大多数敌人正是你自己造成的，友善会使你的朋友遍天下，使你的品格升华，生命充满欢乐。

第九章　难得糊涂是大智慧

聪明难，糊涂尤难，由聪明转入糊涂更难。

——（清代）郑板桥

让我们以一种难得糊涂的精神和他们相处，对于他们关于我们的所有议论，赞扬，谴责，希望和期待都充耳不闻，连想也不去想。

——（德国）尼采

做人要大智若愚

不可否认，愚、拙、屈、讷都给人以消极、低下、委屈、无能的感觉，使人放弃戒惧或者与之竞争的心理。但愚、拙、屈、讷却是人为营造的迷惑外界的假象，目的是为了减少外界的压力，或使对方降低对自己的要求。如果要克敌制胜，那么可以在不受干扰、不被戒惧的条件下，暗中积极准备、以奇制胜，以有备胜无备；如果意图在于获得外界的赏识，愚钝的外表可以降低外界对自己的期待，而实际的表现却又超出外界对自己的期待，这样的智慧表现就能格外出其不意，引人重视。"大智若愚"是在平凡中表现不平凡，在消极中表现积极，在无备中表现有备，在静中观察动，在暗中分析明，因此它比积极、比有备、比动、比明更具优势，更能保护自己。

曾国藩涉足官场较早，对那些结党营私、苟且求生、贪图享乐的庸官俗僚了如指掌，他想做点利国利民的事情，但也不想得罪他人，以免招来闲话和灾祸。特别是清王室对汉人有着强烈的排挤，使得他不得不小心翼翼、唯恐不测。曾国藩才华不及当时的左宗棠、李鸿章，他前期在与捻军、太平军抵抗中，大都以失败而告终，甚至曾想过自杀。正是这样，他把自己看成是愚鲁笨拙之人，以"勤奋"修身、处事，加上他坚忍不拔、愈挫弥坚的精神，不以物喜、不以己悲的胸襟，严于律己、自强不息的个性，最终成就了他那个时代无人能及的功绩。从这一点来看，他的智商和情商都算是超常的。他自称"愚拙"，不事张扬，甚至不与朝中贵人交往，其实是一种自身保护。他一个汉人能在满人掌政时期"出人头地"，而没被"枪打出头鸟"，算是一种"大智若愚"的典范。

大智若愚在生活当中的表现是不处处显示自己的聪明，做人低调，从来不向人夸耀自己、抬高自己，而做人原则是厚积薄发、宁静致远，注重自身修为、层次和素质的提高，对于很多事情持大度开放的态度，有着海纳百川的心态，从来没有太多的抱怨，能够真心实在地踏实做事，对于很多事情要求不高，只求自己能够不断得到积累。很多时候，大智若愚伴随的还有大器晚成，毕竟大智若愚要求的是不断积累自己，就像玉坯不断积累一样，多年的积累所铸就的往往是绝代珍品，出世的时候由于体积太大而需要精雕细琢，而不像外智那般的小玉一样几下子就可以雕琢出来，马上能够拿到市场卖个好价钱，然而，值得一提的是，大器晚成之后又往往都是无价之宝。

萧何是刘邦的第一功臣，在汉高祖开创西汉王朝的大业中，萧何忠贞不贰地追随刘邦：他在丰沛起义中首任沛丞，刘邦屈就汉王时他任汉丞；西汉建国以后，他任汉皇朝的丞相，并享有"带剑上殿，入朝不趋"的特权；在近三年的反秦战争中，他赞襄帷幄，筹措军需，直到打下咸阳进入汉中；在四年之久的楚汉战争中，萧何在后方精心经营，保证了兵源和军需的充足供应。总之，危难关头，他多次力挽狂澜，使刘邦绝处逢生，其中脍炙人口的故事有"咸阳清收丞相府"、"力谏刘邦就汉王"、"收用巴蜀，还定三秦"、"月下追韩信"、"制定九章律"、"诱捕淮阴侯"等。萧何以其超人的智慧、胸襟和气魄为西汉王朝的创建和稳固建立了不朽的功勋。

汉朝建国以后，刘邦的江山渐渐稳定了，事过境迁，而萧何的功劳有那么大，刘邦对他自然会猜忌和怀疑。汉十二年初萧何看到长安周围人多地少，就请求刘邦把上林苑中的空闲土地交给无地或少地的农民耕种。本来是利国利民的一件小事，不料使刘邦龙颜大怒，以受人钱财为由，将萧何关进大牢。困惑莫名的老丞相，出了监牢，才明白自己犯了"自媚于民"的错误。淮南王英布造反，刘邦御驾亲征，萧何留守京城。战争中，刘邦不断派使者回来，回来一次就一定要去见萧何，问候萧何。萧何的幕僚警告他："君灭族不远矣。"萧何一听此言，如五雷轰顶，方明白自己已有了功高盖主之嫌，再继续做收揽民心的事情就必然引起皇帝的疑心，招来杀身之祸。于是，他就利用权势以极低的价格强买民田民宅，激起民怨。终于使刘邦将他看做为子孙谋利，胸无大志的人物。刘邦回到京城，收到了一大堆平民百姓告萧何的状子，然后对萧何放心了许多。

纵观萧何的一生，他大智若愚、忍辱负重、任劳任怨、克勤克俭、安抚天下，用心之良苦，鲜有与之比肩者。

苏轼在《贺欧阳少师致仕启》中说："力辞于未及之年，退托以不能而止，大勇若怯，大智若愚。"唐代的李贽也有类似观点："盖众川合流，务俗以成其大；土石并砌，务以实其坚。是故大智若愚焉耳。"中国古代的道家和儒家都主张"大智若愚"，而且要"守愚"。这都是在告诉我们要虚怀若谷、身藏不露，低调做人，不要处处显示自己的聪明，不要向人炫耀自己、抬高自己，否则会引来嫉妒、排挤，甚至杀身之祸。

外智而内愚，实愚也；外愚而内智，大智也。外智者，工于技巧，惯于矫饰，常好张扬，事事计较，精明干练。吃不得半点亏。内智者，外为糊涂之状，上善斤斤计较，事事算大不算小，达观，大度，不拘小节。智愚之别，实力内外之别，虚实之分。

精明过头就是蠢

在金庸笔下的《射雕英雄传》里，大英雄郭靖就是一个"傻乎乎"的人，没有心机、心术，没有人生技巧与策略，然而，他学到了天下最高的武艺——"降龙十八掌"，成为顶天立地的武林高手。与之相比，他的伴侣黄蓉，虽然聪明，却没有郭靖的那么一股执著的傻劲儿，结果她只学到了拨弄"打狗棒"的粗浅功夫。可见，但凡取得大成就的人，正是那些精明而又不外露的人。

谁都希望自己聪明，聪明的人希望自己更加聪明，没有人愿意自己是个傻子。聪明不是坏事，但自以为聪明，总认为自己了不起，往往就会做出"聪明反被聪明误"的事情来，那可就是最愚蠢不过了。

不知看过《红楼梦》的人是否会记住这句话："机关算尽太聪明，反误了卿卿性命。"这可谓是王熙凤结局的大写照。

它告诉我们的生活哲理是：人聪明点是好事，太聪明就未必是好事了。虽然王熙凤只是一个小说中的人物，可生活中倒真不乏这类角色："嘴甜心苦两面三刀，上头一脸笑，脚下使绊子，明是一盆火，暗是一把刀。"

有一个叫吉姆的人，他很自私，经常说谎话，常常使用鬼点子欺骗别人。很多人都被他捉弄过，但是都拿他没办法。

一次，他出门远行，要坐很长时间的火车。想买卧铺票，又嫌价格太贵，于是，他就想占用两个人的座位当卧铺用。

他早早到达火车站排队，站在了检票口的最前面。检完票后，他便快步跑上火车，拣了一个靠窗的位子坐下，然后又把自己的行李放在旁边的座位上，靠在上面装睡。

车上的人越来越多，越来越挤，很多人都站着，可是，吉姆却装作没看见，继续靠在行李上。旅客问他行李是谁的，他总说是别人的。

有一位聪明的教授猜出吉姆是在撒谎，于是就想戏弄他，给他一个教训。

吉姆是个烟鬼，从上火车开始就想去吸烟室吸烟，因为怕别人占他的位子，一直忍着没去。后来，他实在忍不住了，就离开座位去了吸烟室。

吉姆离开后，那个聪明的教授把吉姆的行李都挪到了坐席底下和货架上，然后让一位老太太坐在那个座位上。

吉姆回来后，发现行李被挪走了，就理直气壮地问那个老太太："你把行李放到哪里去了？"站在旁边的教授很有礼貌地回答："先生，刚才行李的主人说他有急事要办，已经在前一站下车了，他托付我把他的行李带到下一站丢掉。"

吉姆听了，想说行李是自己的，又不好意思说，怕周围的人取笑他。

下一站快到了，那位教授开始整理吉姆的行李，准备把行李送下车，吉姆开始阻拦，教授说："这是别人的行李，您怎么阻拦我呢？"

吉姆支吾了半天，也没说出一句话，眼睁睁地看着别人把他的行李丢了下去。随后，他便不得不悻悻地随着行李下了车，虽然他还没有到达自己的目的地。

吉姆下车后，车厢里的旅客禁不住发出了一阵哄笑。

——这真是聪明反被聪明误！

精明也要十分，只须藏在浑厚里作用。古今得祸，精明者十居其九，未有浑厚而得祸者。今人之唯恐精明不至，乃所以为愚也。

聪明的人会装傻

人们常说：傻人有傻命。为什么呢？因为人们一般懒得和傻人计较——和傻人计较的话自己岂不也成了傻人？也不屑和傻人争夺什么——赢了傻人也不是一件什么光彩的事情。相反，为了显示自己比傻人要高明，人们往往乐意关照傻人。因此，傻人也就有了傻命。

美国第九届总统威廉·亨利·哈里逊出生在一个小镇上，

他儿时是一个很文静又怕羞的老实人，以至于人们都把他看成傻瓜，常喜欢捉弄他。他们经常把一枚五分硬币和一枚一角的硬币扔在他的面前，让他任意捡一个，威廉总是捡那个五分的，于是大家都嘲笑他。

有一天一位可怜他的好心人问他：“难道你不知道一角要比五分值钱吗？”

“当然知道，”威廉慢条斯理地说，“不过，如果我捡了那个一角的，恐怕他们就再没有兴趣扔钱给我了。”

你说他傻吗？

《红楼梦》中的另一主要人物薛宝钗，其待人接物极有讲究。元春省亲与众人共叙同乐之时，制一灯谜，令宝玉及众裙钗粉黛们去猜。黛玉、湘云一干人等一猜就中，眉宇之间甚为不屑，而宝钗对这“并无甚新奇”，“一见就猜着”的谜语，却“口中少不得称赞，只说难猜，故意寻思”。有专家们一语破“的”：此谓之“装愚守拙”，因其颇合贾府当权者“女子无才便是德”之训，实为“好风凭借力，送我上青云”之高招。这女子，实在是一等一的装傻高手。

真正的聪明人在适当的时候会装装傻。明朝时，况钟从郎中一职转任苏州知府。新官上任，况钟并没有急着烧所谓的三把火。他假装对政务一窍不通，凡事问这问那，瞻前顾后。府里的小吏手里拿着公文，围在况钟身边请他批示，况钟佯装不知所措，低声询问小吏如何批示为好，并一切听从下属们的意见行事。这样一来，一些官吏乐得手舞足蹈，都说碰上了一个傻上司。过了三天，况钟召集知府全部官员开会。会上，况钟一改往日愚笨懦弱之态，大声责骂几个官吏：某某事可行，你却阻止我；某某事不可行，你又怂恿我。骂过之后，况钟命左右将几个奸佞官吏捆绑起来一顿狠揍，之后将他们逐出府门。

"装傻"看似愚笨，实则聪明。人立身处事，不矜功自夸，可以很好地保护自己。即所谓"藏巧守拙，用晦如明"。

"愚不可及"这句话已经成为生活中的常用语，用来形容一个人傻到了无以复加的程度。但要是查一下出典，此话最早还出于孔子之口，原先并不带贬义，反而是一种赞扬："子曰：'宁武子，邦有道则知，邦无道则愚。其知可及也，其愚不可及也。'"（《论语·公冶长》）

宁武子是春秋时代卫国有名的大夫，姓宁，名俞，武是他的谥号。宁武子经历了卫国两代的变动，由卫文公到卫成公，两个朝代国家局势完全不同，他却安然做了两朝元老。卫文公时，国家安定，政治清平，他把自己的才智能力全都发挥了出来，是个智者。到卫成公时，政治黑暗，社会动乱，情况险恶，他仍然在朝做官，却表现得十分愚蠢鲁钝，好像什么都不懂。但就在这愚笨外表的掩饰下，他还为国家做了不少事情。所以，孔子对他评价很高，说他那种聪明的表现别人还做得到，而他在乱世中为人处世那种包藏心机的愚笨表现，则是别人所学不来的。其实，真正学不到的是宁武子的那种不惜装傻以利国利民的情操。

在我们的周围，总发现有些人处处喜欢表现自己。固然，爱表现自己没有错，但在有些场合下，这却是一个缺失，会把某些关系搞糟，会把某些事情搞坏。比如，你的领导在场的场合里，一旦遇有困难或问题需要解决，只要不是领导点名让你谈看法、拿意见，一般来说，你切不可唐突发言满怀自信地谈你的看法，并提出处理意见。因为很多情况下，领导需要维护自己的面子、需要体现出自己的高明，所以，你最好装傻，多分析问题，而把解决问题的点子，让给领导，其结果是：问题解决了，也体现了领导的高明。那么，久而久之，你的领导一定喜欢和你一起共事，也会渐渐地欣赏你。反之，遇事总显得你比领导高明，那么领导的面子往那里放？若是让领导觉得你挡光，他还会把你放在前台吗？

装傻是一种大智慧、大谋略。懂得装聋作哑的人，要少惹多少是非啊。

大智若愚在生活当中的表现是不处处显示自己的聪明，做人低调，从来不向人夸耀自己抬高自己，做人原则是厚积薄发，宁静致远，注重自身修为、层次和素质的提高，对于很多事情持大度开放的态度，有着海纳百川的心态，从来没有太多的抱怨，能够真心实意地踏实做事，对于很多事情要求不高，只求自己能够不断得到积累。

从难得糊涂中受益

"难得糊涂"出自清代画家郑板桥的手笔，原文书法怪异而大气，后加小字注为"聪明难，糊涂难，由聪明转入糊涂更难。放一着，退一步，当下心，安非图，后福可报也。"

"难得糊涂"这四字箴言通俗易懂，因而广为流传，至今成为许多人处世待人的原则和方法。

但是，往往看起来越是简单易行的东西做起来就越难，"难得糊涂"就是如此。多少年来，许多人都以"难得糊涂"作为处世做人的箴言，但真正领悟出其中真意的人却是少之又少。因为"难得糊涂"并非努力就能做到的，努力做到的糊涂也有，但它看起来更像是装糊涂而非"难得糊涂"。

"难得糊涂"是对小恩小怨的不执著、不计较，是性存忠厚，是对弱小者的体恤宽容，是一种良好的道德修养。纵观世人，多对人斤斤计较，对别人的缺点用放大镜来看，连毛孔粗细都瞧得个真真切切、明明白白，而对于自己，却是稀里糊涂，从不曾拿个照妖镜来照照自己又是何方神圣，这是人性的弱点。若世人都能换个视角，对自己多检点，对别人"难得糊涂"，从此天下太平矣！当然，这种"难得糊涂"是用在善良弱小或是亲朋好友的小毛病、小缺点或是内部矛盾上，在大是大非面前是绝不可"难得糊涂"的，这也是一个做人的准则问题。

难得糊涂，人才会清醒，才会清静，才会有大气度，才会有宽容之心。可见，难得糊涂不是真糊涂，而是不糊涂。

一个人在处世、生活中学会难得糊涂，会在很多方面受益无穷：

第一，避免矛盾和纷争。生活中的许多小事，如果我们采取难得糊涂的态度，睁一只眼闭一只眼，很容易小事化了。而如果你一点都不糊涂，一是一，二是二，矛盾、纷争、甚至流血牺牲都有可能发生。生活中有很多精明的人总是喜欢揪别人的辫子，抓别人的缺点，以为这样做可以显示自己比他人高明。实际上，这种语言、行为上的丝毫不糊涂，却是造成两个人关系疏远、分道扬镳甚至成为仇敌的根本原因。

第二，可以使自己心态平和。与人交往、处世的关键要使心情愉快，而心态平和是心情愉快的前提，难得糊涂就可以使一个人心态平和。如果你是一个牙尖嘴利、眼尖手快的人，你必然会发现一些别人注意不到的东西，如果你一笑置之，不加追究，不久你就会忘掉这些东西；而一旦如果你觉得自己无法不站出来、非要给他人一个昭示的话，既弄得他人满心不快活，恐怕连你自己的心也难以平静下来。

一个老和尚和一个小和尚来到河边，一个年轻姑娘正犹豫着如何过河，看到和尚们来了，便求和尚帮助。老和尚念了一声"善哉"，便抱着姑娘过了河，姑娘千恩万谢地走了。走了相当长一段路，小和尚突然问："出家人，不近女色，师父你犯戒了。"老和尚哈哈大笑道："我就早放下了，怎么你还抱着?"小和尚脸红耳赤。

很多人在处世时就像这个不懂真谛的小和尚，总不自觉地使自己的心态处于不平和之中。

第三，与己方便。人常说："给人方便，与己方便。"难得糊涂无非就是给人方便，给人方便，人就会对你也方便。两个过于精明的人就像两只正在酣斗的公鸡一样，非要分出个你胜我负来，这于双方的身心是没有什么益处的。

糊涂如一挑纸灯笼，明白是其中燃烧的灯火。灯亮着，灯笼也亮着，便好照路；灯熄了，它也就如同深夜一般漆黑。灯笼之所以需要用纸罩在四周，只是因为灯火虽然明亮但过于屠弱，还容易灼伤他人与自己，因此需要适当地用纸隔离，这样既保护了灯火也保护了自己和别人。明白也需要糊涂来隔离。给明白穿上糊涂的外套，既需要处世的智慧，又需要处世的勇气。很多人一事无成，痛苦烦恼，就是自认为自己明白，缺乏"装糊涂"的明白与勇气。

其实糊涂者哪里是真的糊涂，他们只是因为看清了、看透了，明白与清醒到了极致，在俗人的眼里才成了糊涂而已。

糊涂如一挑纸灯笼，明白是其中燃烧的灯火。灯亮着，灯笼也亮着，便好照路；灯熄了，它也就如同深夜一般漆黑。灯笼之所以需要用纸罩在四周，只是因为灯火虽然明亮但过于屠弱，还容易灼伤他人与自己。

糊里糊涂不吃亏

一个人糊里糊涂、不"清醒"地活着，往往就会一生平安、幸福坦然。相反，一个人太清醒、事事过于用心，就容易遭人暗算。

《菜根谭》中说："舌存常见齿亡，刚强终不胜柔弱；户朽未闻枢蠹，偏执岂能及圆融。"牙齿较之于舌头，自然是坚硬刚强的，可是它们却经不起虫蛀菌噬，常被腐蚀得不堪入目，直至完全脱落，而柔软的舌头虽经酸甜苦辣，却毫发无损，安然无恙。以过于刚强之势对人对事，以强权逼迫过分，不能掌握适可分寸，便会物极必反，进取过了头必会招来灾祸。

隋代薛道衡，13岁即能讲《左氏春秋传》。隋文帝时，做内史侍郎，隋炀帝时任潘州刺史。大业五年，被召还京，上《高祖颂》，隋炀帝不悦，说："仅是文辞华丽而已。"拜司隶大夫。隋炀帝自以为文才甚高，不想让众人超过自己。御史大夫乘机说薛道衡自负才子名，不把皇上看在眼里，这是有造反之心。隋炀帝便把薛道衡处以了绞刑。

当然，这里面主要还在于隋炀帝骄纵，但是，在我们的现实生活里，我们周围的人，谁能保证个个都善良无比呢？

人人都有自尊心，两个人在一起，如果一个人特意地在对方面前表现自己，这样的大露光彩只能导致两个结果：使对方倍加自卑，不愿同你来往；使对方倍加生气，决定要煞一煞你的威风。

富兰克林年轻时十分毛躁，什么事都喜欢出风头。有一次，一位老朋友把他叫到一旁，尖刻地训斥了他一顿："你真是无可救药。你已经打击了每一位和你意见不同的人。你的意见变得太珍贵了，没有人承受得起。你的朋友发觉，如果你在场，他们会很不自在。你知道得太多了，没有人再能教你什么，也没有人打算告诉你些什么，因为那样会吃力不讨好的，而且又弄得不愉快。因此，你不能再吸收新知识了，但你的旧知识又很有限。"

富兰克林的优点之一，就是他接受教训的态度。同时，他已经能成熟、明智地领悟到他的确是那样，也发觉他正面临失败和社交悲剧的命运。于是，他决定立刻改掉傲慢、粗野的习惯。

"我立下一条规矩，"富兰克林后来回忆说道，"绝不准自己太武断。我甚至不准自己在文字或语言上有太肯定的意见表达，比如'当然'、'无疑'等，而改用'我想'、'我假设'、'我想象一件事该这样或那样'或'目前，我看来是如此'。当别人陈述一件事而我不以为然时，我绝不立刻驳斥他或立即指正他的错误。我会在回答的时候，表示在某些条件和情况下，他的意见没有错，但在目前这件事上，看来好像稍有两样，等等。我很快就领会到我这种改变态度的收获：凡是我参与的谈话，气氛都融洽得多了。我以谦虚的态度来表达自己的意见，不但容易被接受，更减少了一些冲突。我发现自己有错时，我没有什么难堪的场面。而我自己碰巧是对的时候，更能使对方不固执己见而赞同我。我最初采用这种方法时，确实和我的本性相冲突，但久而久之就逐渐习惯了。也许五十年来，没有人听我讲过些什么太武断的话，这是我提交新法案或修改旧条文能得到同胞的重视，而且在成为民众协会的一员后具有相当影响力的重要原因。我不善辞令，更谈不上雄辩，遣词用字也很迟疑，还会说错话，但一般说来，我的意见还是得到广泛的支持。"

正如洪应明在《菜根谭》一书中所说："藏巧于拙，用晦而明，寓清于浊，以屈为伸，真涉世之一壶，藏身之三窟也。"做人宁可显得笨拙一些，也不可显得太聪明，宁可收敛一下，也不可锋芒毕露；宁可随和一点，也不可自命清高；宁可退缩一点，也不可太积极前进。

　　汉朝有名的游侠郭解就是一个很能藏锋露拙、大智若愚的人物。在洛阳有一位男子因与人结怨而处境困难，许多人出面当和事佬，但对方一句话也听不进去，最后只好请郭解出面，为他们排解这场纠纷，郭解晚上悄悄造访对方，热心地进行劝服，对方就逐渐让步了。

　　这时候如果是一般人，一定会为自己的成功而沾沾自喜，急于示人。但郭解不同，他对那接受劝解的人说："我听说你对前几次的调解都不肯接受，这次很荣幸能接受我的调解。但是，我作为一个外地人，却压倒了本地有名望的人，成功地调解了你们的纠纷，实在是有违常理。因此，我希望你这次就当我是调解失败，等到我回去，再由当地有威望的人来调解时才接受，怎么样？"

　　郭解的做法异于常人，但却是一种使自己免遭众人嫉恨的明智之举。既保护了自己，又留下了为人称道的美名。谁又能说郭解不是大智慧者呢，那些极力显示自己才能的人，不过是耍小聪明罢了。

　　黑夜使眼睛失去它的作用，但却使耳朵的听觉更为灵敏。当你失去所有身外的价值时，别忘了你还有生命的价值。

看清者视而不见

　　人生在世，烦恼多过发丝。而这些烦恼，不少是源于"看"——看到同事对上级的谄媚，看到妻子的对家务的敷衍，看到朋友在背后耍小聪明……"我"看见了，看清了，心理上自然有了抵触与愤怒，行为上也很难抑制住对那些"不良"行为的讨伐。可以想象，这种状态下与同事、妻子、朋友之间的关系难免会紧张。

有些人在陷入人际关系不和谐的泥潭时，会尝试控制自己对"不良"行为的讨伐，试图以此营造与外界和谐的美好氛围。但这样做的结果只有两个。其一，为了维持表面的和谐，"我"陷入压抑与克制自己真实内心之苦闷中，明明自己看不惯，还要假装自己看得惯，不是委屈自己吗？其二，当压抑与克制到难以克制时，"我"会突然猛烈爆发，结果闹出更大的不快。

编者在刚走向社会的时候，就遭遇过以上所提及的困境。那时，我总喜欢把导致责任归咎于他人，很少想自己哪里做得不对。有一次看到一句话：如果你发现你身边的一切都是错的，那么错的一定是你自己。想想这句话，还真是有道理。于是便向一位和蔼的长者讨教为人处世的技巧。长者听完我的倾诉后，说："年轻人啊，你的苦恼来自于你的视力太好了。"

我不解。

长者哈哈地笑着继续说："你看，我现在是老花眼，看不清同事对上级的谄笑，看不清老婆子打扫的瑕疵，也看不清朋友的小聪明，所以也就眼不见心不烦。"

原来，年长的人要比年轻人更平和淡定，是源于岁月洗礼下的"看不清"。而这种"看不清"，表象是视力的糊涂，实质是内心的明白——明白这个世界上永远存在不尽如人意的地方，明白过细的较真儿只是令自己徒增烦恼。而内心一旦明白，其外在表现就糊涂了，接下来与外界也和谐了。

古人云：甘瓜苦蒂，物不全美。又云：金无足赤，人无完人。俄国哲学家、作家车尔尼雪夫斯基有一句名言："既然太阳上也有黑子，人世间的事情就更不可能没有缺陷。"即使是太阳下也有阴暗的角落，人身边的世界不可能总是那么干净亮堂？梦中的情人也许会很完美，现实中的爱人却多少有些缺陷或者缺点；广告中的商品也许会很完美，真正用起来却往往不尽如人意。四大美女够完美了吧，但据有关史料表明：有"沉鱼"之美的西施耳朵比较小，有"落雁"之姿的王昭君的脚背肥厚了些，有"闭月"之颜的貂蝉有点体味，有"羞花"之容的杨玉环略胖了些……你要是看得太清楚了，岂不是一件大煞风景的蠢事？

在《红楼梦》中，贾雨村进入智通寺时，在门前看到一副破旧对联：身后有余忘缩手，眼前无路想回头。这无疑是一句睿智的醒世良言，想必寺里住着的是一个"翻过筋斗来的"明白人，可当贾雨村进寺门后，他看到的不是一个容貌端详、白须飘飘、言语睿智的高僧，而是一个"既聋且昏，齿落舌钝，所答非所问"的煮饭老僧。这个老僧看上去是个明显的糊涂之人。这时候，还真不知道哪个是明白者，哪个是糊涂人。

其实，世道之中，谁又能分得清哪个是明白，哪个是糊涂？

雾里看花最美丽。事事要看得清清楚楚是一件痛苦的事，

181

它就像是毒害我们心灵的毒药。因为这个世界本来是以缺陷的形式呈现给我们的，并不是完美的，过去不是、现在不是、将来也不是。我们如果事事清楚明白，那无疑是自讨苦吃。

台湾著名女作家罗兰认为：当一个人碰到感情和理智交战的时候，常会发现越是清醒，就越是痛苦。因此，有时候对于一些人和事"真是不如干脆糊涂一点好"。人生在世，数十寒暑，不过弹指一挥间，所有生命都无一例外，既短暂又宝贵，却仍有许许多多的人，活得无聊，活得烦恼。

我们的先哲认为混沌就是世界的本源，鸿蒙之初无所谓天与地，亦无所谓有真假。现代科学也认为，最初的地球上没有空气与生命，最原始的生命体在雷电中产生，在海洋中生存发展，尔后才进化成现在这样的大千世界。可见，天道人事，从终极意义而言，无不归于混沌，归于糊涂。

先哲老子就极为推崇"糊涂"。他自称"俗人昭昭，我独昏昏；俗人察察，我独闷闷"。而作为老子哲学核心范畴的"道"，更是那种"视之不见，听之不闻，搏之不得"的似糊涂又非糊涂、似明白又非明白的境界。

听而不闻

吕端在做北宋参政大臣、初入朝堂的那天，有个大臣指手画脚地说："这小子也能做参政？"吕端佯装没有听见而低头走过。

有些大臣替吕打抱不平，要追查那个轻慢吕端的大臣姓名，吕端赶忙阻止说："如果知道了他的姓名，怕是终生都很难忘记，不如不知为上。"吕端对付"记得"的招数，直接干脆是"不听"。没有听见，就无所谓记得不记得了。

这个世界似乎很嘈杂，我们的耳膜里总是充斥着各种各样的声音。有些声音让你开心，有些声音让你尴尬，有些声音会让你恼火……

有一位叫露丝的美国女士，她喜欢说的一句话是："你说什么我没听到哦。"这句话，给她的生活与事业带来了双丰收。

露丝在自己举行婚礼的那天早上，她在楼上做最后的准备，这时，她的母亲走上楼来，把一样东西放在露丝手里，然后看着她，用从未有过的认真对露丝说："我现在要给你一个今后一定用得着的忠告，那就要你必须记住，每一段美好的婚姻里，都有些话语值得充耳不闻。"

说完后，母亲在露丝的手心里放下一对软胶质耳塞。正沉浸在一片美好祝福声中的露丝十分困惑，不明白在这个时候塞一对耳塞到她手里究竟是什么意思。但没过多久，她与丈夫第一次发生争执时，便明白了老人的苦心。"她的用意很简单，她是用一生的经历与经验告诉我，人生气或冲动的时候，难免会说出一些未经考虑的话，而此时，最佳的应对之道就是充耳不闻，权当没有听到，而不要同样愤然回嘴反击。"露丝说。

但对露丝而言，这句话产生的影响绝非仅限于婚姻。作为妻子，在家里她用这个方法化解丈夫尖锐的指责，修护自己的爱情生活。作为职业人，在公司她用这个方法淡化同时过激的抱怨优化自己的工作环境，她告诫自己，愤怒、怨憎、忌妒与自虐都是无意义的，它只会掏空一个人的美丽，尤其是一个女人的美丽，每一个人都可能在某个时候会说出一些伤人或未经考虑的话。此时，最佳的应对之道就是暂时关闭自己的耳朵——你说什么，我没听到哦……

明明听到了，却要说没听到，并做到"没听到"的境界，当然不是那么容易。但正是因为不容易，才区分出一个人情商的高低。你也许不能一下子就跃升到露丝的境界，但不妨从现在起、从对待身边的人起，尝试一次"听不到"，再尝试一次……

万事开头难，但开头之后，再刻意坚持坚持，或许就"习惯成自然"了。心理专家认为改掉旧习惯、养成新习惯只需要 28 天。也许，你改掉喜欢计较他人说的话的习惯，只需要 28 次"听不到"就可以养成新的习惯。不信，你试试。

心中太明白了，就犯糊涂了，再糊涂一些就明白了，再明白一些，又真糊涂了。真糊涂了，那才是大智慧呀。